分子細胞工学

理学博士 芳賀信幸 著

コロナ社

はじめに

　翼は鳥の象徴である。飛ばない鳥にも翼はある。それでは，人間にとって鳥の翼に相当するものは何だろうか。ヨハン・ホイジンガは著書「ホモ・ルーデンス」の中で，それは「遊ぶ心」であると述べている。ホイジンガによれば，「遊び」は，例えば小犬が遊び戯れている行動を見ればわかるように，楽しむ，喜ぶ，といった意味を持つ精神活動上の一つの「機能」である。彼は，ホモサピエンス（理性のヒト），ホモファベル（作るヒト）に対置して，「遊ぶヒト」という意味で人間精神に「ホモルーデンス」という新しい名称を与えた。

　「遊び」は日常生活の中では非常に馴染みの深い出来事である。仕事から離れて「遊び」に入るときには，普通全く違う感性が働き出す。「遊び」に入るときは，ふだんの思考が一時的に停止する。例えば旅行やキャンプに旅立つ朝の軽やかな気分，祭りや試合に臨むときの武者震いを伴う緊張感，楽しみを楽しみ，喜びを喜ぶあの何ともたとえようのない解放感を私たちは「日常性からの脱却」と呼ぶ。

　それでは，「遊び」とはどんな状態なのであろうか。「遊び」にはどんな特性があるのだろうか。それは，どんな遊びにもそれぞれ独自の空間領域とルールがあるということである。そして，「遊び」に見られるこのような構造的な特徴は「科学」を支えている構造やルールと非常によく似ているものであることに気がつく。現代では，「科学」の領域とルールは他の「遊び」のそれとは大きくかけ離れてしまい，全く異なった精神活動のように見えるが，科学の発祥の歴史をたずねれば「遊び」と「科学」との間に共通性を見いだすのはそれほど難しいことではない。

　私たちは「遊び」を楽しむときのように科学を楽しむことができる。ただそれには，「遊び」を楽しむときと同じようにある程度の努力をしなくてはならない。サッカーでもテニスでもそれを楽しみ，勝利の喜びを味わうためには対

戦相手よりもそのゲームを深く理解することが要求される。同じように，科学に親しみ，それを役立てようとするならば，必ずや科学の領域とルールをよく理解しなくてはならない。

　私は，これから細胞工学を学ぼうとする学生，現代のめざましい発展を遂げている生命科学に並々ならぬ関心を抱いている他の分野の人たち，自由でのびのびとした遊び心を楽しみたいと思っている人たち，このような人たちとの交流を通して，あるとき本書を書こうと思い立った。

　長い間私は，生命をとらえる基本的な考え方を模索してきた。めくるめくような発見の数々を成し遂げてきた先人たちは，いかにして新しい概念に到達したのかという疑問に取り付かれていた。生物学と物理学の両方にまたがる広くてしなやかな「思考の方法」を探していたのであるが，この疑問に最も適した普遍性のある考え方としてたどり着いたのは「相補性（complementarity）」という概念であった。

　物理学において「相補性」が最も華麗に登場するのは，光の本質を巡る粒子性と波動性の議論の中である。光は調べる実験方法によって，粒子としての性質を示したり，波として振る舞ったりする。長い間どちらが正しいのかという問題で，実験が行われ，論争が繰り広げられた。しかし，結局粒子性と波動性はどちらの見解も間違いではないということになり，ニールス・ボーアはこの二つの性質を「相補性」という概念のもとに統合した。光の本性においては，粒子性と波動性は互いに実体の側面を表す相補的な関係にあるとされているのである。

　生物学においては，「相補性」は二つの遺伝子の関係を定めるかけ合せ実験の中にはじめて登場した。二つの突然変異遺伝子を一つの細胞で組み合わせたときに，細胞が野生型に回復すればこれら二つの遺伝子は「相補的な関係にある」と定義された。後に，多くの生命現象にこの概念は適用され，現代では細胞生物学の実験系で最も頻繁に用いられる論証の形式の一つになっている。

　光の場合には，相補性は「合わせてはじめて完全なものになる」という意味を含んでおり，遺伝子の場合には「互いに欠けているものを補い合う」という

生物機能を内包している。

　現代においては，時々刻々に深まる生命現象の理解とともに新しい概念が次々に生みだされている。このような新しい概念をその都度個別的にとらえていたのでは大変なエネルギーを必要とするであろう。そればかりではない。目の前に現れる新しい知識をただ単に機械的に受け止めていたのでは，思考の楽しみを味わうこともできず，新しい概念の本質を見失ってしまうおそれもある。このような状況にあって，「相補性」に基づく思考方法は新しい概念を受け止める際に大きな力を発揮する。なぜならば，新しい概念は，必ずやそれと対になっている相補的な古い概念をもとにして形作られるからである。

　本書は全体として5編から構成されている。まずはじめに，1章と2章で「相補性」を基本概念とした「細胞工学」の領域とルールについて解説した。また，3章と4章では，細胞の潜在能力を理解しそれを最大限に活用するために，生命の基本的性質についても最新の知見をまじえて解説した。特に，分子レベルでの生物学を十分に学習する機会の少なかった読者に対して，遺伝子と細胞機能との関係について理解を助けると思われる内容を厳選して解説した。

　5章では，著者が多くの共同研究者と行ったゾウリムシの細胞機能に関する研究成果について解説した。この章では，生きた細胞に注射するマイクロインジェクション法を用いて行われた実験を取り上げた。「老化と若返り」，「神経興奮と行動」，「性と性転換」，「核と細胞の分裂履歴」，「カルシウムイオンと接合」等である。これらのトピックスはいずれも未知の重要な問題を含んでおり，また将来様々な分野で応用される可能性もあるので多くのページを割いて解説した。

　6章から10章までは，細菌，微生物，動物細胞，植物細胞などを用いて行われてきた細胞工学的な成果について取り上げた。ここでは，応用細胞工学として細胞工学で一般的に用いられている実験手法を解説し，さらに医療，農業，発酵工業などですでに大きな成果を上げている方法や，これから期待される方法などについても解説した。また，今後生命科学の様々な知識を利用して人間生活に役立てる方策を考える際に，決して忘れてはならない人類全体とし

ての最優先課題があることにも触れた。

　最後の章では，科学と科学の方法について解説した。従来の教科書ではこの章から始まるのが伝統的なスタイルであったが，本書ではあえて最後の章にこの重要な課題を残すことにした。

　細胞を調べ，その性質や仕組みを理解しようとする分野が細胞生物学である。細胞生物学の課題が生命の基本的な形式を体系化することにあるとすれば，細胞工学は細胞生物学の中で，とりわけ遊び心に満ちていながら，よりよい生活のために真面目に貢献することを目指した分野，ということになるだろう。

　生命の連続性の中に見られる細胞の多様性には，圧倒的な広がりと深さが潜んでいる。ごく限られた数の生物を調べて生命全体の知識とすることは，大変危険な行き方といわざるをえない。本書は，学生諸君に対しては細胞工学の視点を細胞生物学の中に正しく位置づけることによって，視野の広い生命観の確立を目指してほしいと願うものである。また，生命科学に深い関心を持つ他の分野の人たちや遊び心を楽しむ好奇心旺盛な読者には，細胞工学の中で繰り広げられている様々な冒険の息吹きや苦心，奇想天外な企ての数々をゆっくりと味わっていただきたい。

1999 年 12 月

著　　者

目　　次

I編　細胞工学の基礎

1. 細胞工学：「領域とルール」

1.1　細胞工学の目標 …………………………………………………………3
1.2　自然界に見られる細胞工学的現象 ……………………………………4
1.3　「生命を理解する方法」としての細胞工学 …………………………5
1.4　「細胞機能の利用法」としての細胞工学 ……………………………5
1.5　「生命を育む方法」としての細胞工学 ………………………………6
1.6　細胞工学の対象 …………………………………………………………8

2. 細胞工学の基本的なルール：相補性

2.1　小さな分子レベルでの相補性 ………………………………………10
2.2　大きな分子同士の間に見られる相補性 ……………………………12
2.3　遺伝子レベルでの相補性 ……………………………………………14
2.4　細胞レベルでの相補性 ………………………………………………16
2.5　生活史に見られる相補的な過程 ……………………………………17

II編　細胞工学のための細胞生物学

3. 生命の基本的形式

3.1　生きていることの指標 ………………………………………………20
　3.1.1　斉　一　性 ………………………………………………………20
　3.1.2　多くの生命現象はプログラム化されている …………………21
　3.1.3　生　長　する ……………………………………………………21

3.1.4　生殖能力がある ……………………………………………… 23
　　　3.1.5　進化する …………………………………………………… 23
　3.2　遺伝情報と細胞機能の発現 ………………………………………… 24
　　　3.2.1　核酸の発見 …………………………………………………… 24
　　　3.2.2　核酸の基本構造 ……………………………………………… 25
　　　3.2.3　遺伝現象と DNA の構造 …………………………………… 26
　　　3.2.4　DNA の複製 ………………………………………………… 27
　　　3.2.5　タンパク質の構造解析 ……………………………………… 28
　　　3.2.6　遺伝現象の鍵：DNA とタンパク質の関係 ……………… 29
　　　3.2.7　転写：DNA から RNA へ ………………………………… 29
　　　3.2.8　翻訳：塩基配列からアミノ酸配列へ ……………………… 30
　　　3.2.9　tRNA：コドンとアミノ酸を結びつけるアダプター …… 32
　　　3.2.10　リボソーム：遺伝情報の翻訳マシーン …………………… 33
　　　3.2.11　真核生物の mRNA：イントロンとエキソン …………… 34
　　　3.2.12　イントロン制の導入：多様性の創造 ……………………… 35
　　　3.2.13　リボザイム：触媒作用を持つ RNA ……………………… 36
　　　3.2.14　プリオン：構造の自己複製タンパク分子 ………………… 37
　　　3.2.15　セントラルドグマの拡張 …………………………………… 38
　　　3.2.16　タンパク分子の立体構造 …………………………………… 39
　　　3.2.17　自己集合による超分子構造の構築 ………………………… 40
　　　3.2.18　自己集合できない超分子構造体 …………………………… 41
　　　3.2.19　コード化された遺伝情報 …………………………………… 42
　　　3.2.20　遺伝子発現と細胞分化 ……………………………………… 43

4. 細胞の基本構造

4.1　細胞の分類 ……………………………………………………………… 45
4.2　原核細胞の特徴 ………………………………………………………… 47
　　　4.2.1　真正細菌 ……………………………………………………… 47

4.2.2　古　細　菌 …………………………………………………… 50
4.3　真核細胞の特徴 ……………………………………………………… 50
　4.3.1　細胞内膜系 ……………………………………………………… 51
　4.3.2　細胞骨格系 ……………………………………………………… 52
　4.3.3　細胞小器官 ……………………………………………………… 53
4.4　細胞構築の原理 ……………………………………………………… 55
　4.4.1　2 系 統 性 ……………………………………………………… 55
　4.4.2　統　一　性 ……………………………………………………… 57
　4.4.3　互　換　性 ……………………………………………………… 58
　4.4.4　独　立　性 ……………………………………………………… 58
4.5　細胞のゲノム構造 …………………………………………………… 61
　4.5.1　ゲノムの定義 …………………………………………………… 61
　4.5.2　ゲノムを理解する意義 ………………………………………… 62
　4.5.3　ゲノムの全体像 ………………………………………………… 64
　4.5.4　遺伝子ファミリー ……………………………………………… 65
　4.5.5　生物界の分類 …………………………………………………… 66
　4.5.6　真核細胞の成立に関する謎 …………………………………… 66

III編　生命を理解する方法としての細胞工学

5.　顕 微 操 作 法

5.1　顕微操作法の特徴 …………………………………………………… 70
5.2　マイクロインジェクションによる細胞機能の解析 ……………… 71
5.3　イマチュリン：性的能力の若返り因子 …………………………… 74
　5.3.1　存在の証明：若返りの細胞質因子 …………………………… 74
　5.3.2　若返りの実体の解明：イマチュリンの発見 ………………… 79
　5.3.3　若返りの概念の拡張：老化した細胞機能の若返り ………… 81
5.4　興奮性を制御する遺伝子：突然変異体の相補性テスト ………… 84

5.4.1　興奮性を失った突然変異体での相補性テスト ……………… 84
5.4.2　異種間（かけ合せ実験ができない組合せ）での相補性テスト ……… 91
5.4.3　遺伝子産物の生化学的性質 ………………………………… 94
5.5　性転換を制御する遺伝情報 …………………………………… 101
5.5.1　性転換と生存戦略 ……………………………………… 101
5.5.2　突然変異体：遺伝子の存在の証明 …………………… 104
5.5.3　マイクロインジェクションによる接合型転換誘導物質の探索 … 105
5.6　核移植と核融合：細胞複製の履歴の記録 …………………… 108
5.6.1　複製する四つのシステム …………………………… 108
5.6.2　核移植実験による複製履歴の解析 ………………… 109
5.7　体細胞分裂から減数分裂への細胞周期の転換 ……………… 113
5.7.1　2種類の細胞分裂 …………………………………… 113
5.7.2　Caイオンの役割 …………………………………… 115

6. 細胞融合

6.1　センダイウイルスを用いた細胞融合 ………………………… 119
6.1.1　細胞融合の特徴 ……………………………………… 119
6.1.2　細胞融合のメカニズム ……………………………… 119
6.2　センダイウイルス以外の細胞融合 …………………………… 122
6.3　遺伝的相補性テスト …………………………………………… 123
6.4　モノクローナル抗体の産生 …………………………………… 124
6.5　赤血球ゴースト法による細胞内導入 ………………………… 127

7. 遺伝子クローニングと遺伝子導入

7.1　遺伝子クローニングの基本的戦略 …………………………… 129
7.2　標的遺伝子の調製 ……………………………………………… 129
7.3　標的遺伝子の増幅 ……………………………………………… 129
7.3.1　大腸菌を用いた遺伝子増幅 ………………………… 131

7.3.2 ポリメラーゼ連鎖反応	131
7.4 宿主細胞への導入	132
7.5 形質転換細胞の選別	132
7.6 遺伝子クローニング法の役割	133
7.7 遺伝子導入	133
7.7.1 リン酸カルシウム法	134
7.7.2 DEAE-デキストラン法	135
7.7.3 リポフェクション法	136
7.7.4 電気穿孔法	136
7.7.5 マイクロインジェクション法	137
7.7.6 プロトプラスト融合法	138
7.7.7 ウイルス法	138
7.8 効率的な遺伝子導入の条件	139

IV編　細胞機能を役立てる方法としての細胞工学

8. 発酵

8.1 一次代謝反応を利用する発酵生産	143
8.2 アミノ酸の生産	144
8.3 ヌクレオチドの生産	145

9. 抗生物質・酵素・ワクチンの生産

9.1 インスリン	149
9.1.1 インスリン発見の物語	149
9.1.2 インスリンの生産	150
9.2 酵素：培養細胞を用いた逆転写酵素の大量生産	154
9.3 B型肝炎ワクチン	155
9.3.1 酵母を用いた組換えDNA法によるワクチン生産	156

9.3.2 動物細胞を用いた組換え DNA 法によるワクチン生産 ………… 156
9.4 抗 生 物 質 …………………………………………………………… 157

V編　生命を育む方法としての細胞工学

10. 種苗産業と胚珠培養

10.1 種 苗 産 業 …………………………………………………………… 159
10.2 胚 珠 培 養 …………………………………………………………… 160
10.3 鉄欠乏土壌で育つトランスジェーニック植物の作成 ……………… 160
10.4 自然の浄化作用の理解 ………………………………………………… 163
10.5 遺伝子組換え植物の有害な影響 ……………………………………… 165

11. 科学と科学の方法

11.1 古代ギリシャ人からのメッセージ …………………………………… 168
　　11.1.1 ヒポクラテス：「調べれば，わからないことはない」 ………… 168
　　11.1.2 ユークリッド：「人間の知ることには，限界がある」 ………… 169
11.2 科学の領域とルール …………………………………………………… 170
　　11.2.1 人間と自然 …………………………………………………… 170
　　11.2.2 科学とは何か ………………………………………………… 171
　　11.2.3 科学の方法 …………………………………………………… 173
　　11.2.4 論証と推論 …………………………………………………… 176
11.3 知 識 と 概 念 …………………………………………………………… 178

参 考 文 献 ………………………………………………………………… 182
索　　　　引 ………………………………………………………………… 184

I編　細胞工学の基礎

1　細胞工学：「領域とルール」

学習の目標

1. 現代生活における細胞工学の役割を理解する。
2. 細胞工学の対象となる領域を理解する。
3. 現代の自然科学における最優先課題を把握する。

1. 細胞工学：「領域とルール」

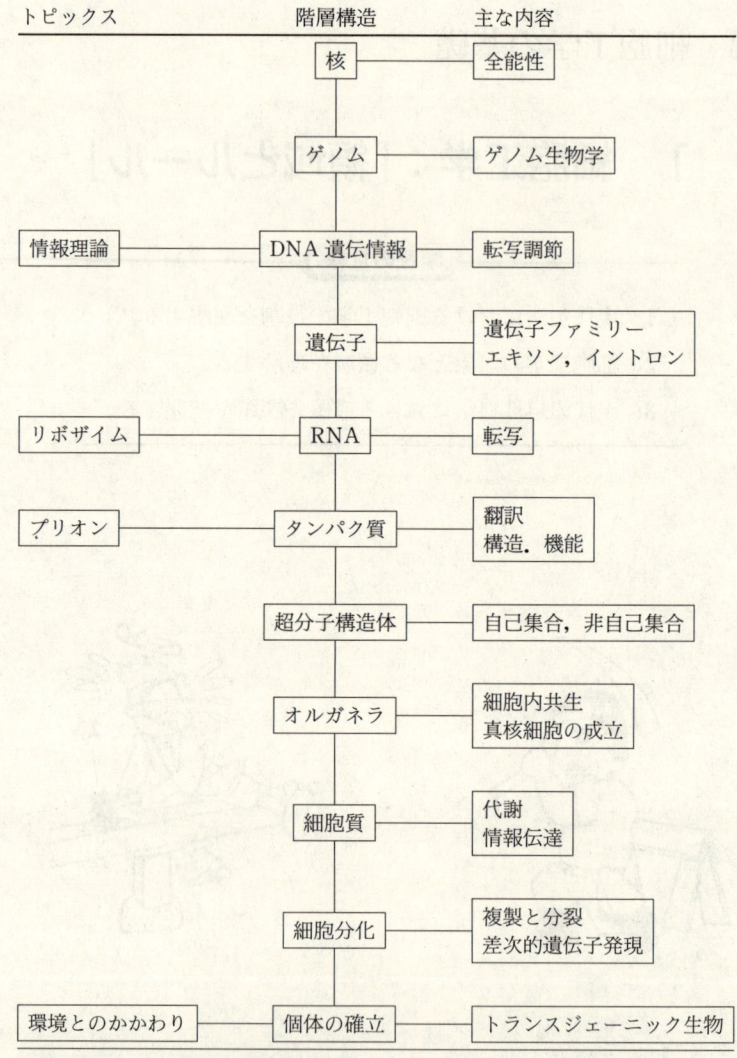

基礎編の各章で取り上げた分子細胞生物学的な内容をまとめて整理した。細胞の階層構造とそれぞれの階層における主な内容とトピックスとの関連を示してある。

1.1 細胞工学の目標

細胞工学（cell engineering, cell technology）は20世紀の後半になってから誕生した生物学（biology）の新しい分野である。この学問分野が目指すものは，細胞（cell）と工学（engineering, technology）という二つの語から容易に推測することができる。細胞には多彩な機能が備わっている。また，細胞は様々な操作に対して実に柔軟に対応する能力を持っている。細胞が持つこの二つの潜在能力を引き出して，現在抱えている多くの問題を解決しようとするのが細胞工学の目的である。

細胞工学の目標は大きく三つの方向に広がっている。「生命の理解」，「細胞機能の利用」，「生命を育む」である（図1.1）。

「生命の理解」では，細胞工学的な原理と手法を使って，細胞に備わっている多彩な機能の一つ一つを詳細に理解することを目指す。本書で取り上げた主な細胞工学的原理と手法は，「突然変異を用いた細胞機能の遺伝的解剖」と

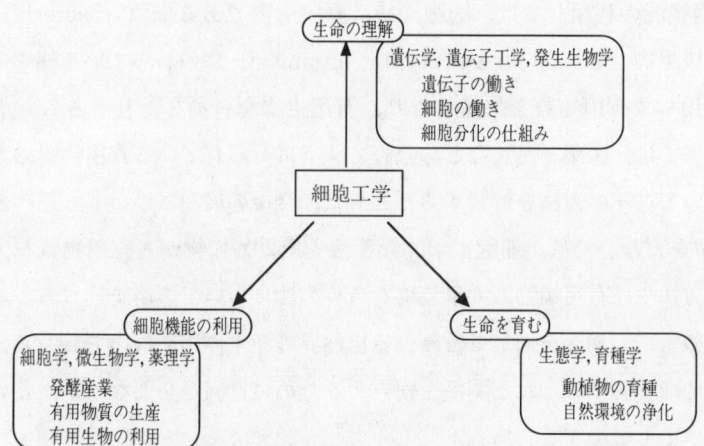

図1.1 細胞工学の目標。細胞工学の三つの目標とそれに関連する主な分野を示す。「生命の理解」は遺伝子の働きを通して，すべての細胞に共通する仕組みやルールを理解することを目指している。「細胞機能の利用」は細胞が持っている様々な機能を利用して生活に役立てる方法について考える。「生命を育む」は植物と微生物の代謝作用を理解することによって，自然の浄化作用を守る方法について考える。

「相補的な遺伝子産物による機能回復」である。

　多くの遺伝子が働いている複雑な系は，その構成成分を比較・分析するだけではその系の本質を理解することが困難な場合が多い。このような複雑な系を解明するために考え出されたのが，「突然変異を用いた細胞機能の遺伝的解剖」である。

　ある遺伝子に突然変異が生じたために，細胞からある機能が失われたとする。これが「突然変異を用いた細胞機能の遺伝的解剖」である。このような突然変異体に野生型の遺伝子や遺伝子産物を導入し，失われた機能の回復をはかる。これが「相補的な遺伝子産物による機能回復」である。このように「突然変異による遺伝的解剖」と「相補的な遺伝子産物による機能回復」によって，突然変異を起こした遺伝子の本来の役割を調べることができる。

　「遺伝的解剖と機能回復」の方法を関連するたくさんの突然変異体に適用すれば，系全体で働いている遺伝子の個々の役割や作用順位などを解明することが可能になる。

　「細胞機能の利用」では，細胞，特に原核生物である細菌（bacteria）や単細胞真核生物（unicellular eukaryotic organism）に備わっている様々な代謝系を利用して有用物質を生産したり，有用生物を育種したりすることを目指す。本書では，医薬・農芸などの分野ですでに行われている有用物質の大量生産について，その方法を解説するとともに，今後の展望についても述べる。

　「生命を育む」では，細胞工学的な手法を用いて植物から有用物質を大量生産する方法や，有用植物の大量栽培を行う方法について概略を述べる。また，植物や微生物の働きを通して行われる自然界の浄化作用についても考え，今後人類が地球と調和のとれた関係を樹立するためには何が必要なのか，という問題についても議論する。

1.2　自然界に見られる細胞工学的現象

　自然界で見られる細胞工学の最も見事な例は受精（fertilization）である。

受精とは，卵（oocyte）と精子（sperm）が結合する現象である。卵と精子は互いに1セットずつのゲノム（genome）を持ち寄るので，子孫は両親と異なる遺伝情報を持った個体として成長することになる。受精の例でわかるように，一般に細胞（ここでは卵）にある操作（受精）が行われて，細胞に新しい性質が付加される場合を細胞工学的操作と呼ぶ。

自然界では，受精のほかに植物（plant）に見られる受粉（pollination），単細胞生物の接合（conjugation），ウイルス（virus）による形質導入（transduction），多細胞生物の体内で見られる細胞融合（cell fusion）などにも細胞工学的な現象が見られる。また，ある細胞に別の細胞が感染して共同生活が成立した細胞内共生（endosymbiosis）も，自然が示す見事な細胞工学の一例である。

1.3 「生命を理解する方法」としての細胞工学

細胞は生命現象が営まれる基本単位（unit territory）である。エネルギー代謝（energy metabolism），光合成（photosynthesis），DNAの複製（DNA replication），タンパク質の合成（protein synthesis）など生命活動に必要な物理・化学的な反応はすべて細胞の中で行われる。したがって，細胞工学で用いられる実験手法は，基本的な生命現象を理解する方法としても極めて重要な役割を担っている。

細胞工学的なアプローチによって明らかにされた生命現象は数多くある。その中でも最も重要で有名な例は，核移植実験（nuclear transplantation）による「核の全能性（nuclear totipotency）」の証明である（このことについては5.1節で詳しく述べる）。

1.4 「細胞機能の利用法」としての細胞工学

細胞工学にはホモ・ルーデンス（遊ぶヒト）とホモ・ファベル（作るヒト）の精

神が躍動している．そもそも細胞工学は，細胞が持つ様々な潜在能力に対する驚きと好奇心から始まったものである．個々の細胞をよく観察すると，実に様々な働きをしていることがわかる．そこで細胞に適切な操作（manipulation）を加えることによって細胞を改良し，細胞が持っている能力を最大限に利用して生活に役立てようという発想が生まれたのである．

細胞の多彩な潜在能力として，例えば酵母（yeast）がある．酵母の品種の改良を行い，発酵（fermentation）能力の高い系統を作り，酒やワイン造りに利用する．また，遺伝子工学で最もよく使われている大腸菌（*Escherichia coli*, *E. coli* は略）にヒトの遺伝子（gene）を導入し，ヒトの成長ホルモン（growth hormone）を大量生産する．

さらに，基礎生物学と医学の分野では，ガン細胞（cancer cell）と免疫抗体（antibody）を生産する細胞を融合させて，モノクローナル抗体（monoclonal antibody）を大量に生産する技術が開発された．育種・畜産学では，精子や卵細胞を優秀な系統の親から採取し，凍結保存しておき，必要に応じて取り出して有用な家畜を作ることが日常的に行われている．これらは，細胞工学の応用技術のほんの一例にすぎない．

1.5 「生命を育む方法」としての細胞工学

細胞工学の3番目の目標は「生命を育む」ための基礎研究である．20世紀の自然科学によって明らかにされた重要な認識の一つに「地球の有限性」がある．それは地球規模での自然の浄化作用（purification）による復元力と，人間の経済活動との関係についての問題である．言い換えると，それは人間の経済活動に伴って排出される様々な物質が地球全域に影響を及ぼすようになった結果，自然が内包する浄化能力では恒常性（homeostasis）を維持することが難しくなってきている，という危機感の表明である（図1.2）．

自然の浄化作用を守りながら地球の資源を利用するにはどのような方法を考えたらよいのであろうか．これは私たちにとってあらゆる問題に先立つ最優先

1.5 「生命を育む方法」としての細胞工学

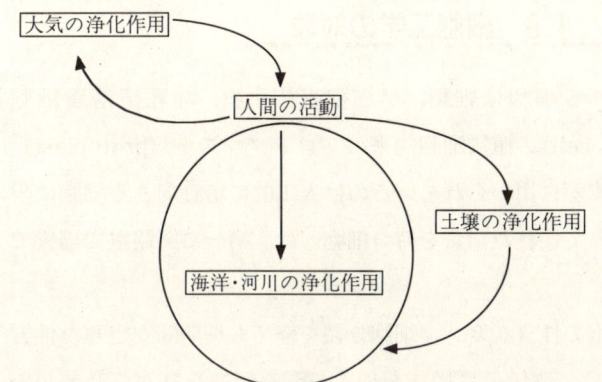

図1.2 人間の活動と自然の浄化作用

自然には，人間の活動によって作り出される様々な物質を再利用できる形に分解する浄化作用がある。自然の浄化作用は大きく分けると，大気，土壌，海洋・河川の3圏で行われる。

課題（problem with the highest priority）である。自然の浄化作用は主として微生物（microbe, microorganism）と植物の働きに依存している。資源として活用することと，自然の生態系（ecosystem）を維持するという相反した目標を達成するためには，私たちは自然からどのようなことを学ばなければならないのだろうか。

この問題は生物学のあらゆる分野に関係する大変大きな広がりを持っている。細胞工学の領域から貢献できると思われる重要なポイントについて考えると，大きく二つ取り上げることができる。

技術的には，様々な自然環境に生息する個々の微生物の生理機能（physiological function）の理解を深めること，そして，それらの微生物の生態系の中でのニッチ（niche，生態的地位）を的確に把握することである。

また，方法論的には，様々な立場の視点から地球環境の実体を把握し，評価するシステムを確立することが大切である。さらに自然科学の思考方法という点では，不十分な理解や誤った考え方から生じた見解に対する厳しい自己検証の態度を養い，すべての生物に対する偏見のない認識方法を磨くことが，現在私たちのとりうる最善の対応策である。

1.6 細胞工学の対象

　細胞工学で用いられる細胞は細菌，単細胞真核生物，哺乳類培養細胞 (mammalian cultured cell)，植物細胞由来のプロトプラスト (protoplast) などである。このうち実際に用いられているのは人工的に培養できる細胞に限られる。細胞工学にとって優れた素質を持つ細胞とは，第一に実験室で培養できることである。

　細胞操作によって細胞の性質を変え，細胞分裂を経ても長期間安定した性質として維持するためには，遺伝子に操作を加えて形質転換をはかる必要がある。したがって，細胞工学で有用なのは，交配実験，遺伝子導入，細胞融合，ウイルス感染，マイクロインジェクション (microinjection) などの基本的な細胞操作法を使って，有用遺伝子の導入が容易に行える細胞である（**図1.3**）。

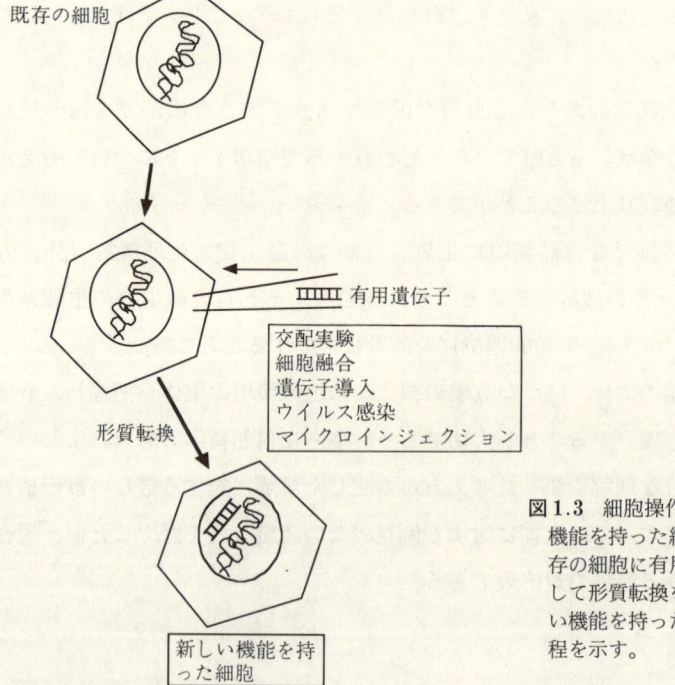

図1.3 細胞操作による新しい機能を持った細胞の創出。既存の細胞に有用遺伝子を導入して形質転換を誘導し，新しい機能を持った細胞を作る過程を示す。

2　細胞工学の基本的なルール：相補性

学習の目標

1. 生物システムにおける相補性を理解する。
2. 相補性の生物学的機能を分類して把握する。

2.1 小さな分子レベルでの相補性

分子（molecule）と分子の間に見られる相補性（complementarity）の例として最も重要なのは，DNA の二重らせん構造（double helix structure）を形成する塩基の対合（base pair）である（図2.1）。アデニン（adenine）とチミン（thymine），グアニン（guanine）とシトシン（cytosine）の対合は生命現象の最も基本的なルールとなっている。これらの塩基の対合には水素結合（hydrogen bond）の形成が重要である。アデニンとチミンとの間では2個，グアニンとシトシンとの間では3個の水素結合が形成される。一つ一つの水素結合は非常に弱い結合（weak interaction）であるが，数が多くなると分子同士を結びつける力は強くなり，分子間の結合は安定する。

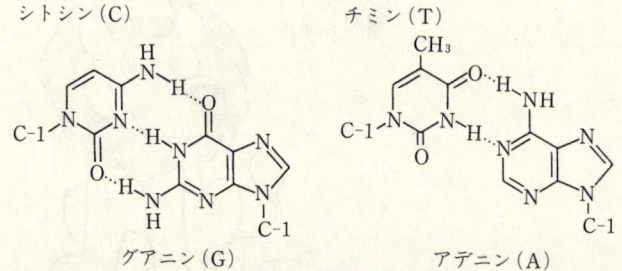

図2.1 小さな分子のレベルでの相補性。ヌクレオチドを構成する塩基の部分の相補的な対合を示す。シトシンとグアニンでは3本，チミンとアデニンでは2本の水素結合が形成されている。C-1′ は糖-リン酸の骨格に結合する部位である。

水素結合は短い距離の分子間でしか成立しない。したがって，二つの分子間で形成される水素結合の数はそれぞれの分子の化学的な構造（chemical structure）に左右される。分子の化学構造は分子を構成している原子（atom）の空間的な配置によって決まるので，分子と分子の相補的な結合は結局分子を構成する原子の位置関係によって決まることになる。

水素結合は水素原子（hydrogen atom）と酸素原子（oxygen atom），あるいは水素原子と窒素原子（nitrogen atom）との間で起こる結合である。相補

2.1 小さな分子レベルでの相補性

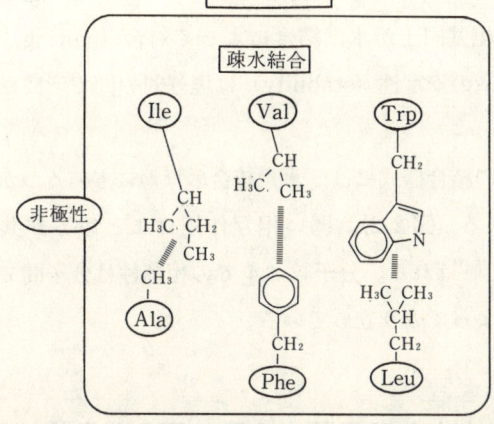

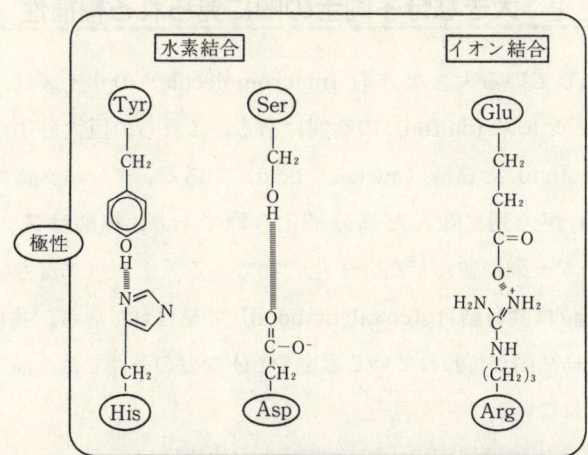

図 2.2 小さな分子のレベルでの弱い相互作用。非極性基の間で形成される疎水的相互作用（疎水結合）は，1) 電子雲と正に荷電した核によって形成された電子双極子の振動によって生じるファンデルワールス力か，2) 非極性基同士が水分子を排除して集まろうとするために生じる疎水効果（hydrophobic effect）のいずれかである。水素結合は H が O または N に結合したとき電子の移動が起こり，一方の原子が部分的に負電荷を帯び，このため電子双極子が生じ，別のところに存在する双極子と相互作用を行うことによって生じる。イオン結合は二つの反対に荷電した原子同士が近接することで形成される。

的な塩基配列（base sequence）を持つ2本のDNA鎖が安定したらせん構造をとるのは個々の塩基同士が水素結合によって対合（pairing）するからである。二重らせん構造の安定性（stability）は塩基対の間で形成される水素結合の総数に比例する。

分子のレベルでの結合様式には，水素結合のほかにもいくつかの弱い相互作用をするものがある（図2.2）。弱い相互作用はまとめて非共有結合（non-covalent bond）と呼ばれる。分子レベルでの相補性は分子間で形成される多くの非共有結合によって成り立っている。

2.2　大きな分子同士の間に見られる相補性

細胞を構成している大きな分子（macromolecule）のサイズは，主として1万〜100万ダルトン（dalton）の範囲にある。これらの巨大分子の代表はタンパク質（protein）と核酸（nucleic acid）である。タンパク質はアミノ酸（amino acid）が一列に並んだ高分子化合物であり，核酸はヌクレオチド（nucleotide）が一列に並んだ高分子化合物である。タンパク質も核酸もそれぞれの構成単位は共有結合（covalent bond）で結ばれている。共有結合は強い結合で，生命活動が行われている温度やpHなどの条件では，通常自然に切断されることはない。

タンパク質と核酸は細胞の中では複雑な立体構造（conformation）をとっている。タンパク質や核酸の立体構造は，それぞれの構成単位同士の間で形成される非共有結合によって形作られる。タンパク質や核酸の内部で形成される非共有結合は，分子の折れ曲がり（bending）やたたみ込み（holding）などをもたらし，その結果タンパク質や核酸は三次元的な立体構造をとるようになる。タンパク質の立体構造は細胞の構造（cellular structure）と機能（function）を規定する最も重要な物理・化学的基盤である。

タンパク質と核酸は細胞の中でたくさんの分子と相互作用を行っている。このような分子間の結合においては，分子の立体構造が結合の強さを規定する。

分子と分子の表面（surface）を密着させておくためには，分子の表面に並ぶ原子の配列が互いにぴったりと合うようになっていなければならない。例えば，酵素（enzyme）が基質（substrate）を分解するときには，酵素と基質が立体的に結合して酵素・基質複合体（enzyme-substrate complex, E-S complex）を形成する。このときの結合は非常に特異性（specificity）が高く，両者の結合面は鍵と鍵穴（key and keyhole）にたとえられるような表面構造になっている。これが生体内で起こる特異的な分子識別（molecular recognition）の基本的仕組みである（図2.3）。

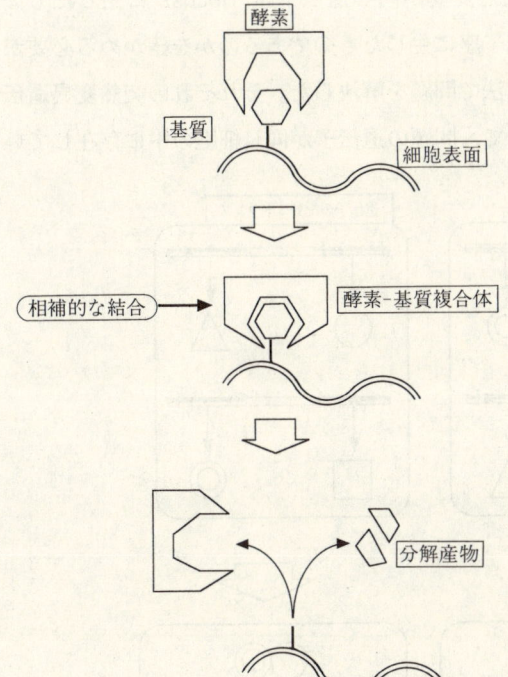

図2.3 大きな分子のレベルでの相補性。酵素がある特定の分子（基質）を分解する過程では，酵素と標的分子は複合体を形成する（酵素-基質複合体）。複合体の形成は二つの分子の立体構造によって決まる（相補的な結合）。

巨大分子のレベルで起こる相補的な結合は，分子の表面構造に依存しており，結合の強さは一般に非共有結合の総数に比例する。結合の特異性は解離定数（dissociation constant）によって定量的（quantitative）に表される。

2.3 遺伝子レベルでの相補性

遺伝子レベルでの相補性は，生物学的な意味での相補性という概念を理解する上で最も適した例である。そもそも相補性という言葉が，生物学で明確に定義された言葉として最初に使われたのは，遺伝学（genetics）においてであった。

いま，ここに2種類の劣性（recessive）の突然変異体（mutant）があるとしよう。これらの突然変異体は表現型（phenotype）が非常によく似ているとする。そこで，これら二つの突然変異が同じ遺伝子座（locus）に生じたものであるのか，それとも違う遺伝子座に生じたものであるのかを確かめる必要がある。遺伝学者は次のような方法で問題を解決した。それぞれの突然変異遺伝子を持つ個体同士をかけ合わせて，問題の遺伝子が同じ細胞の中に存在してい

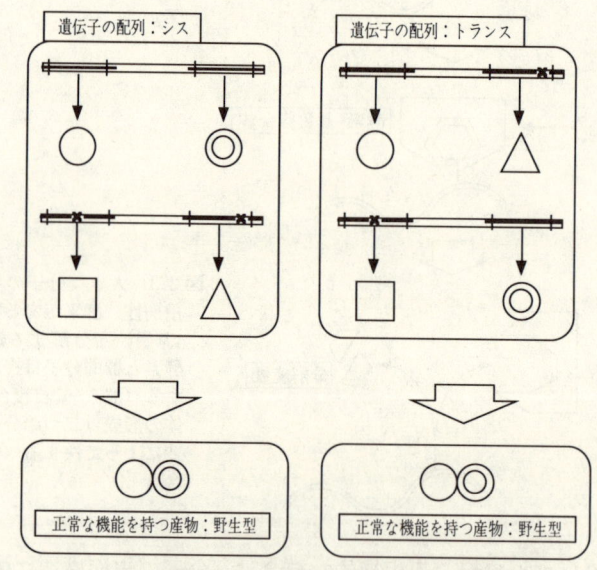

図2.4 二つの劣性突然変異遺伝子が別々の遺伝子座に生じている場合の相補性テスト。この場合，二つの遺伝子がシス配列，トランス配列いずれの場合にも，それぞれの対立遺伝子から正常な機能を持つ遺伝子産物が作られるので，細胞の表現型は野生型になる。

2.3 遺伝子レベルでの相補性

る子孫（progeny）を作る．二つの突然変異遺伝子を持った子孫の表現型を調べて，もしそれが突然変異の形質（character）のままであったなら二つの突然変異は同じ遺伝子座に生じたものであるとし，野生型（wild-type）に回復した場合には違う遺伝子座に生じた突然変異である，と定義した．この種のかけ合せ実験は相補性テスト（complementation test）と呼ばれ，遺伝学の最も基本的な論証方法の一つとなっている（図2.4，図2.5）．

相補性テストは，「同じ原因を持ったもの同士では補い合うことはできないが，互いに原因が異なる場合には補い合って正常なものに回復することができ

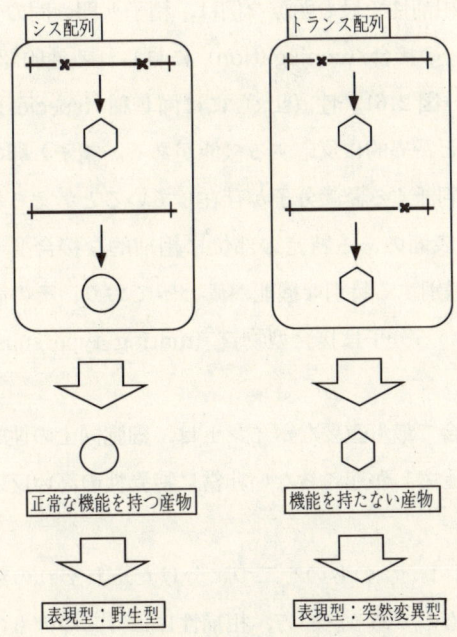

図2.5 二つの劣性突然変異遺伝子が同じ遺伝子座に生じた場合の相補性テスト．この場合には，二つの突然変異遺伝子の配列状態によって細胞の表現型は異なる．シス配列の場合には，2本の相同染色体のうちの1本から正常な遺伝子産物が作られるので表現型は野生型となる．トランス配列の場合には，両方の遺伝子座に突然変異が入るために正常な機能を持つ遺伝子産物は合成されず，細胞の表現型は突然変異型となる．

る」ということを表現している．相補性テストを行えば，同じような表現型を持つ多くの突然変異体を整理して，相補性が成り立つ組合せと成り立たない組合せにグループ分けすることができる．相補性が成り立つグループ（complementation group）の数は細胞のある特定の機能を規定している遺伝子の数を推定する重要な手がかりとなっている．

2.4 細胞レベルでの相補性

　細胞レベルでの相補性で最も明瞭な例は，精子と卵の間の受精や，ゾウリムシ（*Paramecium*）の接合（conjugation）に見られる性的認識（sexual recognition）である（図2.6）．性（sex）には同じ種（species）に属する異性を識別し，その個体と特異的に反応する機能がある．精子と卵の表面には同じ種に属するか否かを判断する認識分子が存在していると考えられている．ゾウリムシでも，細胞の表面のある特定の部位に相補的な接合型（complementary mating-type）を識別する特別な機能が備わっており，その認識作用で中心的な役割を果たしている分子は接合型物質（mating-type substance）と呼ばれている．

　ゾウリムシの接合で最も重要なポイントは，細胞同士の性的な結合は相補的な接合型の細胞同士でしか起こらない非常に特異性の高い反応である，ということである．

　性という言葉は，「一つのものを二つに分けたそれぞれの部分」という意味の語から派生したものである．一方，相補性には「二つのものが補い合って完全なものになる」という意味が含まれている．ゾウリムシの接合型の例でわかるように，相補性は性と同義であり，両者とも二つのものが一つの完全なものに到達するための手段を表現している．実体はまだ解明されてはいないが，精子と卵の表面にあって種を識別する分子や，ゾウリムシの接合型を表している分子はいずれもタンパク質が主成分であると考えられている．

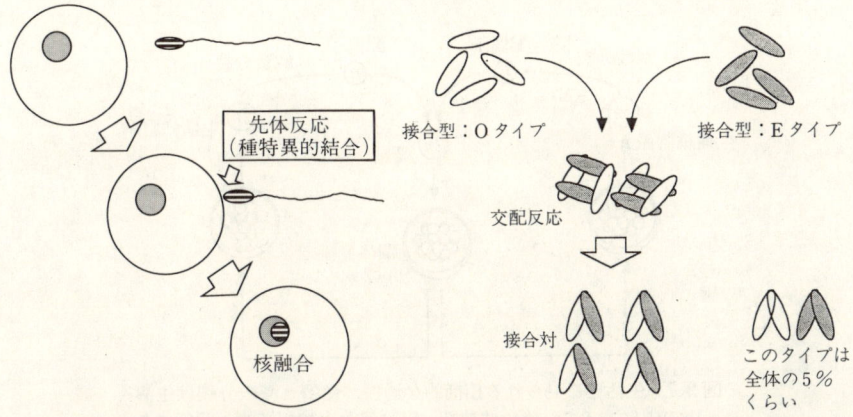

(a) 細胞レベルでの相補性。多細胞生物に見られる受精は，卵と精子の表面で種特異的な結合が行われることによって成立する。

(b) ゾウリムシの接合。ゾウリムシの性は接合型（OタイプとEタイプ）と呼ばれる。交配反応では腹側に生えている繊毛を使って，相手の接合型を認識する。異なった接合型（相補的な接合型）の細胞と出会ったときにだけ，繊毛膜の表面に存在する接合型物質を介して交配反応が起こり，細胞接着が誘導される。接合型物質は性的認識による細胞接着で中心的な役割を果たしている物質であるが，その実体はまだ解明されていない。

図2.6

2.5 生活史に見られる相補的な過程

　有性生殖（sexual reproduction）を行って子孫を残す生物には，生活史（life history）の中に一対の相補的な過程が含まれている。この過程は世代（generation）を越えて染色体数（chromosome number）を一定に保つために必要不可欠のもので，受精に対する減数分裂（meiosis）である（図2.7）。

　受精は二つの配偶子（gamete）がワンセットずつの染色体を持ち寄る現象であるため，放っておくと受精を重ねるたびに生物の染色体数は倍加することになる。減数分裂は配偶子を形成する過程で行われる特別な細胞分裂の方式で，染色体数が正確に半分に減るようになっている。その結果，配偶子は体細

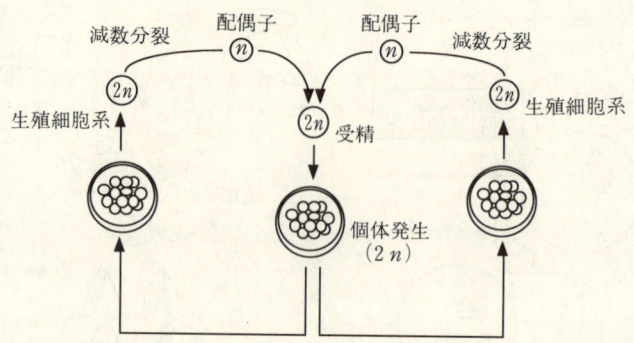

図 2.7 生活史に見られる相補的な過程。受精と減数分裂は生活史の中にあって，染色体数を一定に保つ上で相補的な関係にある。有性生殖を行う細胞は配偶子と呼ばれ，減数分裂によって作られ，受精に関与する。n は半数体，$2n$ は2倍体を表す。

胞（somatic cell）の半分の数の染色体を持って受精に臨むことになる。こうして，何世代受精を重ねてもその生物の染色体数は一定に保たれているのである。

受精と減数分裂の関係に見られる相補性は，生物特有の性質である恒常性や定常状態，保存性といった秩序の形成に不可欠な機能の一例と見なすことができる。

II編　細胞工学のための細胞生物学

3　生命の基本的形式

―― 学習の目標 ――
1. 生命には基本的な形式があることを理解する。
2. すべての生命に共通する特徴を把握する。
3. 遺伝情報から細胞機能の発現までの分子過程を理解する。

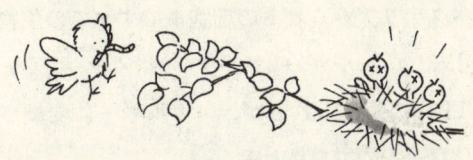

3.1 生きていることの指標

生物学がまだ体系化されていなかった時代では,人々は生きているものと生きていないものとを,どのようにして区別したのであろうか。そして,いま私たちにはどのように区別できるのだろうか。まず,生物の種 (species) および個体レベルで,生きていることの指標を考えてみよう。

3.1.1 斉　　一　　性

刈入れを待つ水田のイネや風に揺れるコスモスの花,また潮間帯の岩に棲む巻き貝の群れなどを見ると,これらに共通して目につく特徴は,形と大きさがそろっているという点である。形と大きさの斉一性 (uniformity) は最も基本的な生物の基準である。規格どおりに作られた工業製品の斉一性は,生物の基準の反対例には当たらない。人間（生物）の意図が工業製品の形と大きさに反映されているので,これらの斉一性は生物に属するものと見なすことができるからである。

斉一性は生化学的過程にも見ることができる。ブドウ糖を分解してエネルギーを取り出す化学反応系は,バクテリアからヒトの細胞まですべての生物に共通している。この反応で生じたエネルギーはまずアデノシン三リン酸 (adenosine triphosphate, ATP) に蓄えられるが,エネルギーに変換されるときには,すべての生物で同じレートで換算される。

斉一性は遺伝物質にも見ることができる。遺伝情報 (genetic information) を担っている物質は,すべての生物で共通であり,それは核酸 (nucleic acid) である。ある種のウイルスでは RNA (ribonucleic acid, リボ核酸) が遺伝情報を担っているので,DNA (deoxyribonucleic acid, デオキシリボ核酸) か RNA の違いはあるが,すべての生物で遺伝情報は塩基配列の中に3文字一組 (triplet) の単位で書き込まれている。

非生物的な方法で作られたものに斉一性が見られる例としては,冬の軒下にできる氷柱や畑の土の霜柱などがある。多くの化合物の結晶にも斉一性が見ら

れる。したがって，斉一性一つだけを基準にして，生物と非生物を分けることはもちろんできない。

3.1.2 多くの生命現象はプログラム化されている

最も典型的なプログラム制御（programmed regulation）の例は発生過程（developmental process）である。マガキを例にとって，卵と精子の出会いから見てみよう（図3.1）。卵を成体から取り出し，精子を海水で希釈して，卵にかける。精子が卵の表面にたどり着くと，発生プログラムのスイッチがオンになる。受精卵の密度が高すぎないように調整し，海水の温度を適温に保つだけで，発生過程はすべて自律的に進行する。どの受精卵も同じようなペースで卵割（segmentation, cleavage）を繰り返し，やがて一斉に回転運動を始め，泳ぎ出す。定められた発生の各段階を次々に経て，やがて貝殻形成が始まり，受精してから約1週間でカキの形が完成する。見事なまでに完全なプログラム制御である。

細胞分裂（cell division）の過程もプログラム化されている。まず，DNA合成（DNA synthesis）を始めるのに必要な化学反応が起こる。すると細胞分裂のプログラムがオンになり，DNA合成が始まる。すべてのDNAが複製されて，DNA量がちょうど2倍になると，染色体（chromosome）は凝集して固有の形態をとり，核分裂（nuclear division）へと進行する。細胞分裂の始まりから終わりまでを細胞周期（cell cycle）と呼ぶ。一般に，細胞周期は温度やその他の環境条件が一定なら，分裂に入ったすべての細胞で足並みがそろい，極めて高い同調性（synchronization）を示す。

3.1.3 生　長　す　る

多くの生物は形をあまり変えないで，大きくなる。これが生長（growth）である。生長は最もわかりやすい生物の特徴の一つである。高等動物を例にとって生長を考えてみよう。生長は，食物の消化・吸収と体の構成成分の合成という二つの過程を含んでいる。生長は食物の摂取量には依存しているが，食物

3. 生命の基本的形式

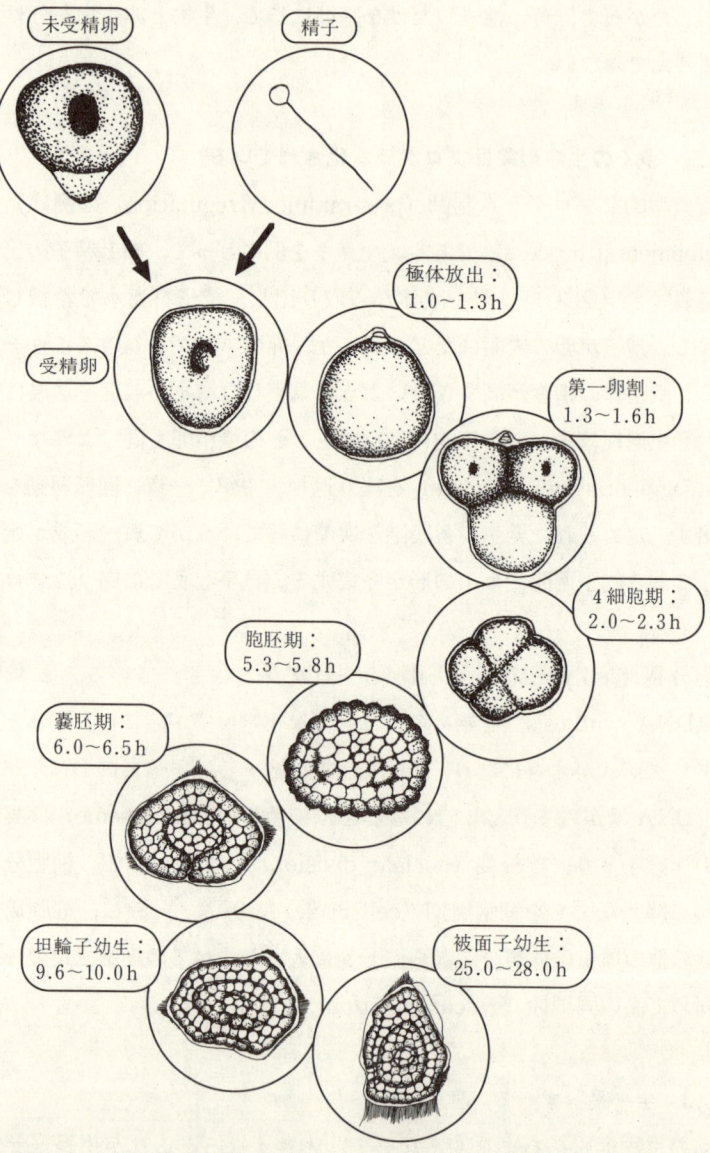

図 3.1 マガキの初期発生。卵に精子が付着すると，受精膜が形成され，受精卵となる。受精卵では発生プログラムのスイッチが入り，途中で停止していた卵核の減数分裂が再開し，極体が放出され，精子の核との核融合が行われる。その後，プログラムに従って発生過程は自律的に進行する。
〔菅原義雄博士（石巻専修大学教授）のご好意による〕

の形に従うものではない。生長は各生物に固有のルールに従って起こる形態的な変化である。

非生物系でも生長の例はある。真冬の朝，車のフロントガラスに湯をかけると，氷が溶ける。ワイパーを動かして水を掃き，ワイパーの動きを止める。すると，周辺の方から氷の結晶ができ始め，見る見るうちに生長してガラス全面に広がっていく。一般に，結晶が大きくなる現象も生長と呼ばれる。生長するものが必ずしも生き物とは限らない。

3.1.4 生殖能力がある

生物の特徴の第一に生殖（reproduction）能力を挙げる人は多い。確かに，生殖とは，自己複製（self replication）をして個体数を増やすことであるから，生殖能力は生物にだけ備わった特徴であるということができる。しかし，ある個体が生き物であると呼ばれるためには，必ずしも生殖能力を備えていなければならない，というわけではない。生殖能力を持たないで生存する動物の例も知られている。大部分のアリやミツバチなどのように，社会の中で機能的に役割分担を行っている動物の個体には生殖不能なものが見られる。生殖能力を持たない個体ももちろん私たちは生きていると判断する。

3.1.5 進 化 す る

遺伝学者であるマラー（H. J. Muller）や分子生物学者のルリア（S. E. Luria）は生命の基本的な特徴として，進化（evolution）する可能性を挙げている。生物は基本的には，忠実に自己複製するようにすべての仕組みが統合されている。しかし，それらの仕組みは同時に各個体に「違い」を持つことを許容している。各個体に見られる違いは個体差と呼ばれるが，個体差のうちで子孫に遺伝する形質を突然変異（mutation）と呼ぶ。突然変異は生殖によって世代から世代へと受け継がれる。ダーウィン（C. Darwin）は各個体が持つ変異（variation）の形質に着目し，個々の変異は環境条件によって子孫を残す割合に大きな影響を与えると考えた。

ダーウィンのこのような考え方は自然選択説 (natural selection) として提案された。その後，変異の実体とその生成の仕組みが遺伝学者たちによって明らかにされた。DNA の塩基配列に起こるランダムな塩基の置換がそれである。特に，DNA の塩基配列に生じる変異がタンパク質の性能に変化を与える場合には，環境に対する適応能力を変えることになる。

こうして，DNA の塩基配列に生じたランダムな変異が，個体の能力に多様性を創造する。多くの異なった素質を持つ個体の中から，そのときの環境条件に最も適したものがより多くの子孫を残すような場合には，子供の集団は親の世代の集団とは異なる特徴を持った集団として存続することになる。各個体に生じる変異と自然条件によって規定される子孫の生存率の変化によって，集団を構成する各個体の特徴は環境に順応する形で進化するのである。

生命の基本的な特徴がすべての生物に保存されながら，それぞれの生物の形態や機能が生息環境に応じてかくも多様に見られるのは，生命の際立った特徴である。

3.2 遺伝情報と細胞機能の発現

3.2.1 核酸の発見

遺伝子の化学的な実体は核酸である。真核生物の遺伝子は DNA でできているが，ある種のウイルスでは RNA が遺伝子の本体となっている。いずれにしても「遺伝情報は核酸の中に保存されている」は生命の最も基本的な形式の一つである。

核酸は 1868 年にスイスの医学生であったフリードリヒ・ミーシェル（F. Miescher）によって最初に発見された。彼は核から核の主成分である核酸を抽出し，化学的に分析してリンが大量に含まれていることを見いだした。しかし，当時の生物学者にとってはタンパク質が最も重要な物質であり，核酸はわけのわからない生命活動の副産物にすぎなかった。

ミーシェルの発見から 50 年以上もたった 1924 年に，ロベルト・フォイルゲ

ン（R. Feulgen）はDNAの特異的染色法を発見した。フォイルゲン染色は核の染色法の決定版になったが，核の染色が核酸の染色と同一であることの生物学的意義は理解されなかった。フォイルゲンの発見も多くの生物学者に核酸の重要性を気づかせるまでには至らなかったのである。

核酸が遺伝情報の担い手であるということは，フォイルゲン染色の発見からさらに20年もたってから細菌の研究によって証明された。1944年にハーシー（A. D. Hershey）とチェイズ（M. Chase）はある細菌から抽出したDNAを性質の異なる別の細菌に与えると，前者の遺伝的形質が後者に移ることを報告した。彼らの実験によって，ようやくDNAこそ遺伝情報の担い手であるということが広く認められるようになった。

3.2.2 核酸の基本構造

核酸にはDNAとRNAの2種類がある。DNAもRNAも長い鎖状の分子で，途中で枝分かれはしていない。構成単位はヌクレオチドと呼ばれ，DNA，RNAともにわずか4種類の化合物が使われているだけである。そのうちの3種類は両方に共通して使われており，残りの1種類だけがDNAとRNAで異なる。

ヌクレオチドは糖に塩基とリン酸が各々1個ずつ結合した化合物である。DNAを構成するデオキシリボヌクレオチドは糖がデオキシリボースで，RNAの構成単位であるリボヌクレオチドはリボースを糖として使っている。化学構造的には両者の違いは酸素原子1個であるにすぎないが，化学反応性は大きく異なっており，リボヌクレオチドの方が反応性に富んでいる。この違いは本質的に重要である。

DNAとRNAには方向性がある。これらの方向性を決める要因はヌクレオチドの化学構造の中にある。ヌクレオチドが順番に結合していく際，先行する糖の$5'$の位置にある炭素が次にくる糖の$3'$の炭素とリン酸を介してホスホジエステル結合で連結する。このためDNAとRNAの方向性は$3'$-$5'$のように表される。

遺伝情報は塩基の配列の中にコード化されている。塩基は糖とリン酸で形成された骨格に付着するような形で糖に結合している。塩基の種類は大型のプリンと小型のピリミジンの2種類だけで，プリンにはアデニン（adenine, A）とグアニン（guanine, G）があり，ピリミジンにはシトシン（cytosine, C）とチミン（thymine, T）とウラシル（urasile）がある。DNA は A, T, G, C を用い，RNA は A, U, G, C を用いている。

遺伝情報として意味を持つのは塩基の配列が $3'$ から $5'$ の方向に並んだものだけである。逆方向の配列は情報としての意味は持たない。

3.2.3 遺伝現象とDNAの構造

細胞が分裂する際，遺伝情報は正確に複製され，娘細胞に伝えられる。ハーシーとチェイズの実験以来，遺伝情報が複製される仕組みを解明するために多くの生物でDNAの塩基組成が調べられた。その結果，4種類の塩基がDNAに含まれている量は生物の種ごとに一定であることが明らかになった。しかし，同じような遺伝現象を示す近縁の生物でも，種が異なれば塩基組成は大きく異なる場合もあって，遺伝現象と塩基組成の間には明らかな規則性は認められなかった。

ところが，1950年にエルウィン・シャルガフ（E. Chargaff）は注目すべき規則を発見した。それは，「あらゆる生物種のDNAにおいて，Aの含量は常にTの含量と等しく，Gの含量はCに等しい」であった。AとT，GとCは互いに手をつないで歩く旅人のように見える。二人は隣り合って座っているのか，それとも向かい合っているのか。

この謎は1953年にケンブリッジでフランシス・クリック（F. H. C. Crick）とジェイムズ・ワトソン（J. D. Watson）の二人によって解かれた。彼らは，ロンドンのキングズカレッジのウィルキンス（M. H. F. Wilkins）と協力者たち，ことにロザリンド・フランクリン（R. Franklin）が行っていたDNAのX線解析の研究をもとにして，シャルガフの規則を満足するようなDNA分子の構造モデルを提案した。

ワトソン-クリックのモデルは，2本のDNA分子が互いにらせん状に巻きついた二重らせん構造であった。このモデルのポイントは塩基の位置にあった。2本のDNA分子の塩基は互いに内側で向かい合うようになっており，糖-リン酸で形成された骨格は外側になっていた。この構造で大きな塩基のプリンと小さな構造のピリミジンが向き合えば，全体としてらせん構造の太さは一様になり安定するはずである。

このような構造上の要請とシャルガフの規則を組み合わせることによって，2本のDNA分子間での塩基の相補的な対合ルールが発見された。プリンとピリミジンが向き合ったときに化学構造がぴったり合うのはAとT，GとCの組合せだけだったのである。

3.2.4 DNAの複製

二重らせんモデルに従うとDNAの複製は次のようになる。複製に先立ち，二重らせん構造が部分的に離れて開かれた形になり，それぞれの鎖が鋳型となる。鋳型となるDNA鎖にAがあれば複製中の鎖は同じ位置にTを取り込み，GがあればCを取り込む。このようにして鋳型のDNAの塩基配列が新しく合成されるDNAの塩基配列を規定し，完全に相補的なDNA鎖を複製することになる。

複製が完了すると，それぞれの鋳型DNAは新しく合成されたDNAと二重らせんを形成する。その結果，新旧のDNA鎖からなる二重らせん構造が2本できあがったことになる。このような複製の方式を半保存的複製（semiconservative replication）と呼ぶ。

A-T，G-Cの対合ルールに従って新しく合成されたDNA鎖は，鋳型になったDNA鎖とは逆向きの方向性を持っている。つまり，$3'$-$5'$ に対して $5'$-$3'$ のように向き合う。二重らせん構造ではDNA鎖が逆向きに巻きついているという性質は，ゲノムの中での遺伝子の配置を理解する上で極めて重要である。遺伝子は2本のDNA鎖に入り乱れるようにして存在している。

細胞の中で遺伝情報を内包した構造はどのようにして複製されるのか，とい

う点についてはじめて納得のいく説明を与えてくれたのが，ワトソン-クリックのDNA二重らせんモデルである。細胞から細胞へと遺伝情報が伝えられる原理は，DNA分子の構造の中に内在的に組み込まれていたのである。遺伝現象に対する鋭い洞察力と，緻密な論理を構成する精神による勝利であった。

3.2.5 タンパク質の構造解析

　DNAは化学的には不活性な分子である。DNAには他の化合物を分解したり，自分自身の鎖を切断する触媒作用はない。またある特別な酵素がなければ自分自身を複製することもできない。さらに，DNAは自分自身の中に書き込まれた遺伝情報を直接表現することもできない。遺伝情報は常に他の分子を通して間接的に現れるのである。

　細胞の構造や機能を制御している主な分子は様々な触媒作用を持つタンパク質である。DNAの遺伝情報とタンパク質の構造との関係も歴史的には面白い展開を示している。生物物理学者たちがX線回折によってDNAの構造を調べていた頃，生化学者たちはタンパク質の化学構造について盛んに研究していた。

　1950年代の初め，小さなペプチド性のホルモンであるインスリンのアミノ酸配列が解明された。その結果，タンパク質はそれぞれ固有のアミノ酸が配列した分子ではないか，と考えられるようになった。

　インスリンのアミノ酸配列が解明されたことによって，タンパク分子において構造と機能との関係を理解する道が開かれた。インスリンの構造決定に続き，次々に他の酵素のアミノ酸配列も明らかにされた結果，タンパク質の性質はアミノ酸の並び方によって決まる，と考えられるようになった。さらに，タンパク質のアミノ酸配列は細胞から細胞へと伝えられる遺伝的な性格を持っていることもしだいにわかってきた。つまり，同じ細胞から生じた娘細胞は全部，それぞれの酵素に関して同じアミノ酸配列を持つタンパク質を合成しているのである。

3.2.6 遺伝現象の鍵：DNAとタンパク質の関係

DNAとタンパク質には重要な類似点があった．両方とも構成単位が線状に並んで，1本の鎖構造になっているのである．DNAの構成単位はヌクレオチドであり，タンパク質の構成単位はアミノ酸である．DNAとタンパク質の関係は両者の構成単位の配列を比較することによって理解されることになる．

正常な働きをする遺伝子（野生型遺伝子）を持つ細胞のタンパク質と変異遺伝子（突然変異）を持つ細胞のタンパク質を比較したところ，DNAとタンパク質で構成単位の配列に平行関係があることが明らかになった．つまり，DNAの塩基配列に変化が生じた細胞では，タンパク質のアミノ酸配列にも変化が生じていたのである．こうして，分子生物学者たちは「ヌクレオチドの配列にはアミノ酸の配列を指定する情報が含まれている」と考えるようになった．

これまでにわかったDNAとタンパク質との関係を整理すると次のようになる．「DNAはタンパク質の合成を指令し，合成されたタンパク質が細胞の物理・化学的な性質を決定する」．そこで，分子生物学の中心課題はDNAの塩基配列がタンパク質のアミノ酸配列に翻訳される機構の解明へと移っていった．

3.2.7 転写：DNAからRNAへ

タンパク質の合成過程はDNAの特定の領域を鋳型にしたRNAの合成反応から始まる．このDNAからRNAへの遺伝情報の流れが転写（transcription）である．転写によって合成されたRNAの塩基配列はDNAの塩基配列と相補的な関係になっていて，同じ内容の遺伝情報が含まれている．

転写の過程はDNAの複製とよく似ている．違いはDNAの二本鎖のうちの1本だけが鋳型になる点である．まず，DNAの二重らせんは部分的にほどけて一本鎖のDNAになる．次に鋳型になる方のDNA鎖にRNAポリメラーゼが結合し，この酵素の働きでリボヌクレトチドが1個ずつDNAの塩基配列に対合していく．対合したリボヌクレオチドは互いに共有結合でつながれ，

RNA の鎖が形成されていく。転写におけるヌクレオチドの対合ルールは基本的に複製の場合と同じである。ただ転写の場合には，アデニンに対合するのはチミンではなくウラシルである。

転写が終了すると新生 RNA は DNA から離れ，一本鎖の状態で次の反応過程に移行する。このようにして合成された RNA 分子は通常 1 個ないし数個の遺伝子領域しか含んでおらず，DNA に比べ極めて短い。アミノ酸に翻訳される遺伝情報を持った RNA をメッセンジャー RNA（messenger RNA, mRNA）と呼ぶ。

ところで，遺伝情報がコード化されているとどのようなメリットがあるのだろうか。カイコの絹の繊維であるフィブロインはフィブロイン遺伝子から合成される。試算によると 4 日間で，1 個のフィブロイン遺伝子は 10^4 個の mRNA を合成する。また，1 個の mRNA は 10^5 個のフィブロイン分子を合成する。したがって 4 日間で一つのフィブロイン遺伝子から 10^9 個のフィブロイン分子が合成されることになる。

遺伝情報のコード化はコンパクト性を生みだす。コンパクトな情報はコピーの大量生産を可能とするので，短時間で情報を増幅するときに大変有利に働く。

3.2.8 翻訳：塩基配列からアミノ酸配列へ

翻訳（translation）は mRNA の塩基配列をもとにしてアミノ酸の配列を組み立て，個々のアミノ酸をペプチド結合でつないでタンパク質を合成する過程である。アミノ酸を指定する塩基配列は遺伝コード（genetic code）と呼ばれる。

1960 年代になって，DNA の遺伝情報を解読する方法が発見された。翻訳の過程では，mRNA は 5′ サイドから順に 3 塩基一組で読まれることが明らかになった。1 個のアミノ酸に対応するトリプレットはコドン（codon）と呼ばれる。コドンは mRNA の 5′ サイドから 3′ サイドに向かってつながっており，楽譜でいえば，3 連符の表記法がこれに当たる。3 連符では三つの音で 1 拍，1

拍は1個のアミノ酸に対応している。

　生化学的な分析の結果，どのアミノ酸にも何種類かのコドンが対応していることが明らかになった。例えば，ロイシンやアラニンを指定するコドンは4種類ある。一つのアミノ酸に複数個のコドンが対応している場合を遺伝コードの縮重と呼ぶ。

　遺伝コードの中にはどのアミノ酸にも対応していないコドンが見られる。これらは翻訳の開始点と終了点を指定しているコドンである。句読点に相当するコドンはないので，翻訳の読み枠は開始点が決まると一義的に決まることになる。翻訳システムのこのようなルールは既存の遺伝情報をもとにして新しい内容の情報を創造するプロセスを理解する上で重要である。

　様々な生物でコドンとアミノ酸の対応関係が調べられ，遺伝コード表が作られた（表3.1，表3.2）。遺伝コード表の中のコドンとアミノ酸の対応ルールはほんの少しの例外を除いて，あらゆる生物に共通している。

表3.1　遺伝コード表1（ユニバーサルコドン）。すべての生物に共通しているRNA塩基配列からアミノ酸を指定するコドン

2文字目

1文字目(5'末端)		U	C	A	G	3文字目(3'末端)
	U	UUU UUC フェニルアラニン / UUA UUG ロイシン	UCU UCC UCA UCG セリン	UAU UAC チロシン / UAA 終止 / UAG 終止	UGU UGC システイン / UGA 終止 / UGG トリプトファン	U C A G
	C	CUU CUC CUA CUG ロイシン	CCU CCC CCA CCG プロリン	CAU CAC ヒスチジン / CAA CAG グルタミン酸	CGU CGC CGA CGG アルギニン	U C A G
	A	AUU AUC AUA イソロイシン / AUG メチオニン	ACU ACC ACA ACG スレオニン	AAU AAC アスパラギン酸 / AAA AAG リジン	AGU AGC セリン / AGA AGG アルギニン	U C A G
	G	GUU GUC GUA GUG バリン	GCU GCC GCA GCG アラニン	GAU GAC アスパラギン / GAA GAG グルタミン	GGU GGC GGA GGG グリシン	U C A G

表 3.2 遺伝コード表 2。それぞれの生物で見つかっている変則コドン

コドン	一般則	変則	見つかった生物
ミトコンドリア			
UAA	終止	→ チロシン	扁形動物
UGA	終止	→ トリプトファン	植物を除くすべての生物
CUU, CUC, CUA, CUG	ロイシン	→ トレオニン	酵母
AUA	イソロイシン	→ メチオニン	酵母, 後生動物 (棘皮, 扁形動物を除く)
AAA	リジン	→ アスパラギン	棘皮, 扁形動物
AGA, AGG	アルギニン	→ 終止	脊椎動物
AGA, AGG	アルギニン	→ セリン	無脊椎動物 (刺胞動物を除く)
AGA, AGG	アルギニン	→ グリシン	尾索動物
核			
UAA, UAG	終止	→ グルタミン	繊毛虫, カサノリ, レトロウイルス
UGA	終止	→ システイン	繊毛虫
UGA	終止	→ トリプトファン	マイコプラズマ
UGA	終止	→ セレノシステイン	哺乳動物, 大腸菌
CUG	ロイシン	→ セリン	カンジダ

3.2.9 tRNA：コドンとアミノ酸を結びつけるアダプター

mRNA のコドンは対応するアミノ酸を直接識別しているわけではない。実際, 化学構造から見て塩基とアミノ酸との間には, 相補的な関係が成立するような構造は見られない。そこで, 分子生物学者たちは塩基配列とアミノ酸の間を仲介するアダプターのような分子が存在するのではないかと考えた。

この分子はコドンとアミノ酸の両方を別々に識別する構造を持っていなければならない。細胞質の中から見つかったアダプター分子は約 80 塩基からなる小さな RNA 分子であった。この RNA はアミノ酸を mRNA まで運ぶ働きをしていることから tRNA (transfer RNA) と呼ばれる。

tRNA は三次元的に複雑な構造をしている。短い二重らせん構造とクローバー状のループ構造を持ち, さらに全体が折りたたまれて L 字形構造になっている。3′ 末端の塩基配列である CCA には特定のアミノ酸が共有結合する。一方, 中央部のループには mRNA のコドンと相補的なアンチコドン

(anticodon) と呼ばれる塩基配列があり，DNA複製の際の塩基の対合ルールと同じ方式でmRNAと結合する。

tRNAのアンチコドンと3'末端に結合するアミノ酸との間には厳密な対応関係が保たれており，この関係が遺伝情報翻訳のキーポイントになっている。

3.2.10 リボソーム：遺伝情報の翻訳マシーン

mRNAとtRNAの結合には化学反応上大きな問題がある。mRNAのコドンとtRNAのアンチコドンとの結合は3個の塩基対で形成される。この結合はmRNAとtRNAの大きさから考えると，ボートをタイタニック号に細い麻糸でつなぐようなものである。波の自由運動によってたちまちボートは麻糸を断ち切ってタイタニック号から離れてしまうであろう。

このような化学反応上の問題を解決するために働いているのがリボソーム (ribosome) である。リボソームはmRNAとtRNAの結合を支えてタンパク合成を行う細胞小器官（organella）である。

リボソームは50種類以上のタンパク質と数種類のRNAが集合した大きな複合体である。リボソームは複雑かつ神秘的な存在で，多くの生物学者を魅了してきた。分子遺伝学者はリボソームの形態形成（morphogenesis）の仕組みに魅せられ，また遺伝学者はリボソームを構成しているRNAに生物進化のプロセスを読み取ろうとしてきた。

翻訳の過程は極めて規則的かつ機械的に行われる。まず，リボソームはmRNAの塩基配列の中から翻訳開始コドンを見つけ結合する。次にmRNAのコドンと相補的なアンチコドンを持つtRNAを選び所定の位置に据えると，自身は回転してmRNA上を3'の方向に移動し，2番目のコドンの位置にいく。そして，相補的なアンチコドンを持つtRNAをセットし，はじめのアミノ酸と2番目のアミノ酸を共有結合で結びつける。

リボソームはmRNAに沿って回転しながら次々にコドンを読み取っていき，終止コドンまでくると翻訳は終了する。翻訳が終了すると，リボソームとmRNAと新生タンパク分子は互いに離れ，リボソームは再びmRNAの翻訳

開始コドンを探して次の合成ラウンドに入る。

　リボソームがタンパク合成を行う効率は大変に高い。細菌の場合毎秒20個のアミノ酸を結合させる反応を行っている。1本のレールに沿って毎秒20回転という高速で回転しながら情報を読み取っているわけである。

3.2.11　真核生物の mRNA：イントロンとエキソン

　遺伝情報の転写・翻訳の仕組みは主に原核生物である大腸菌を使って解明された。原核生物の遺伝子は連続した一続きの塩基配列で構成されているので，ほとんどのタンパク質のアミノ酸配列は塩基配列をそのまま反映したものであった。

　ところが研究の関心が真核生物に移っていくと，真核生物の遺伝子は原核生物とは違う特徴を持っていることが明らかになってきた。1977年に，真核生物の遺伝子の中にイントロン（intron，介在配列）という特別な塩基配列が発見された。それはアミノ酸を指定しない非コード配列（noncoding sequence）で，真核生物の遺伝子はこのイントロンによって分断された構造になっている，というものであった。

　真核生物の mRNA の合成は，原核生物と同じようにまず遺伝子の全領域が RNA に転写される。この RNA を一次転写産物と呼ぶ。次に，原核生物と違って一次転写産物である RNA の塩基配列は核の中で編集され，アミノ酸を指定しない配列すなわちイントロンが RNA から取り除かれる。こうして最終的にはタンパク質に翻訳される部分だけが残され，再構成されて完成した mRNA 分子となる。イントロンに対してアミノ酸配列を指定する部分にはエキソン（exon）という名前がつけられた。

　イントロンが取り除かれる過程を RNA スプライシング（RNA splicing）と呼ぶ。多くの RNA スプライシングはタンパク質の RNA スプライシング酵素によって行われている。RNA スプライシングによって一次転写産物からイントロンがすべて取り除かれると，mRNA は細胞質に移り，タンパク質の合成過程に入る。

3.2 遺伝情報と細胞機能の発現　　35

　一つの遺伝子の中に含まれているイントロンの大きさや数は様々で，現在のところすべての生物種に共通するルールは見つかっていない。また，イントロンがなぜ真核生物にだけ存在するのかという問題も謎のままである。

3.2.12　イントロン制の導入：多様性の創造

　真核生物が採用したイントロン制には，情報処理の観点からするとどのようなメリットがあるのだろうか。多くの分子生物学者は，イントロン制を導入することによって，タンパク合成の際一つの遺伝情報を多様に活用することができる利点がある，と考えている。

　一例を挙げてみよう。同じ一次転写産物でも，細胞の種類によってスプライシングのされ方が少しずつ異なるとする。その結果，細胞によって少しずつ異なる mRNA が作られることになる。結果として，一つの遺伝子から複数個の少しずつ違ったタンパク質が合成されることになる。実際，多細胞生物の各組織では，細胞の種類や発生の各段階でこのようなスプライシングが行われている，という報告がある。

　イントロンは遺伝子が進化する過程でも重要な意味を持っているのではないか，と考えられている。遺伝子の中にイントロンを持っていると，イントロンを切り出す過程でエキソンの並べ方を変更することが可能になる。エキソンの並べ替えが起れば，それは新しいタイプのタンパク質の合成につながる。

　このようなエキソンの並べ替えシステムは，すでにある情報を組み換えることによって新しい情報を作り出すシステムと見なすことができる。この方法はゼロから新しい情報を作り出すやり方よりも，ずっと速く情報を生成することを可能にしている。

　このように考えると，真核生物のイントロン制は遺伝子進化の歴史において，特に初期の段階では重要な役割を果たしていたのではないかという推測も成り立つ。

3.2.13 リボザイム：触媒作用を持つRNA

核酸は1868年に発見されて以来，化学的には酵素のような触媒作用はないと考えられてきた。ところが核酸の発見から113年もたった1981年に，触媒作用を持つRNA，すなわちリボザイム（ribozyme）が発見された。

テトラヒメナ（*Tetrahymena*）は原生動物（protozoans）の一種で非常に増殖能力が高い細胞である。トム・チェック（T. Check）はテトラヒメナを使ってリボソームRNA（ribosomal RNA, rRNA）の合成を調べていたが，その過程でRNAスプライシングが試験管の中でタンパク質なしでも起こることを発見した。

rRNAはリボソームDNA（rDNA）から転写されて作られる。rRNAの合成では，まずイントロンを含む大きなRNAが前駆体として合成され，RNAスプライシングによってイントロンが切り出され，最終的なrRNAになる。当時，RNAスプライシングは酵素の触媒作用によって行われると考えられていたが，タンパク質を全く含まないRNAだけの試料でも起こることが確認された。この触媒作用はrRNA前駆体の中に含まれるイントロンによって行われていることが判明した。

触媒作用を持つイントロン配列は一本鎖RNAが折りたたまれて立体構造を形成し，複雑な表面構造を作っている。この表面構造は同じRNA分子内の特定の塩基配列を識別し，そこに結合して塩基と塩基の間の共有結合を切断し，余分な配列を切り出した後に，再結合を促す。

イントロンによるスプライシングは自己触媒（self-splicing）と呼ばれる。自己触媒によるRNAスプライシングは菌類，細菌などでも次々に見つかっている。触媒作用を持つRNAには，tRNA前駆体のスプライシングに働くRNAやrRNAのペプチジル基転移酵素活性を持つRNAなどがある。

リボザイムは原核生物と真核生物が分かれたと推定される15億年以上前に発生したと考えられている。リボザイムの発見によって生命の起源についての見解は根本から見直されることになった。RNAワールド仮説の始まりである。

3.2.14 プリオン：構造の自己複製タンパク分子

セントラルドグマ（次項参照）の規定によると，タンパク質の立体構造はアミノ酸配列によって一義的に決まるということになっている．ところが，1982年までに，「自分の持つ立体構造で同類の他の分子の立体構造を自分と同じものに変えてしまうタンパク分子」の存在が確認された．

発端はヒトのクロイツフェルト-ヤコブ病，ウシの海綿状脳症，ヒツジやヤギのスクレイピー症などの感染症の研究であった．スクレイピー症ハムスターの脳から抽出された感染物質は核酸を持たず，ほぼ1種類のタンパク質から成り立っていた．核酸の構造を破壊する紫外線照射でも感染能力はなくならないが，タンパク質の変性処理を行うと感染性は減少した．そこで，ウイルス，細菌，菌類などの病原体と区別するためこの感染物質はプリオン（prion）と名づけられた．

その後プリオンタンパク質の一部のアミノ酸配列がわかり，遺伝子の存在場所が調べられた結果，遺伝子は細胞の染色体の中にあることがわかった．さらにスクレイピーが発症した動物から抽出したプリオンタンパク質は，正常型のプリオンタンパク質と同じアミノ酸配列を持っており，立体構造だけが異なっていることも明らかになった．

正常型とスクレイピー型のプリオンを比べると，αヘリックスとβシート（3.2.16項参照）の間で構造変換が起こっており，正常型プリオンは四つのαヘリックス構造を持っているが，スクレイピー型ではそのうちのいくつかがβシートに変わっていた．スクレイピー型と正常型のプリオンを試験管の中で混ぜると，正常型はスクレイピー型に変化した．

プリオンによる感染症の発症には二つの経路があることがわかった．一つはプリオン遺伝子に突然変異が生じて感染型のプリオンが合成されるケースで，もう一つは感染型のプリオンが細胞の中に侵入して正常型プリオンを感染型に変えてしまうケースである．狂牛病にかかった牛肉をヒトが食べて感染するか，しないかという議論は後者のケースを憂慮してのことである．

プリオンは核酸の遺伝情報を必要とせず，タンパク合成も伴わないで自己増

殖する全く新しいタイプの分子である。

3.2.15 セントラルドグマの拡張

1960年代に成立した遺伝情報に関するセントラルドグマ（central dogma, 中心教義）の中心概念は「遺伝情報はDNAからRNAを介してタンパク質へと一方向的に流れる」というものである。この考え方はすべての生物に共通する生命の基本的形式として広く受け入れられている。

ところが1980年代になって3種類の新しい機能を持った分子が発見され，セントラルドグマの中心概念は大きく拡張されることになった。これらの分子とは，逆転写酵素（reverse transcriptase），リボザイム，プリオンである。

逆転写酵素はRNAの塩基配列を鋳型としてDNAを合成する触媒作用を持っている。RNAが遺伝物質となっているウイルスはこの酵素がなければ自己増殖できない。RNAウイルスは細胞に感染すると，まず自分のRNAを鋳型としてDNAを合成する。次に合成したDNAから宿主細胞のRNA合成システムを利用してRNAを大量に生産する。ここでは遺伝情報はRNAからDNAへと逆方向に流れている。

リボザイムの発見は酵素化学の常識を覆すものであった。RNAのある特定の塩基配列に，共有結合を切断したり形成したりする触媒作用があるという発見は，細胞機能におけるタンパク質至上主義に衝撃的な一撃を与えるものであった。その後，リボザイムは広い生物種にわたって様々な反応系で見つかっており，この酵素作用の普遍性，重要性はますます高まっている。

プリオンが発見されるまでの過程は，感染症や遺伝性疾患における核酸至上主義に対する勇敢で注意深い挑戦の歴史であった。個体から個体へと感染して病気を発症させる物体は必ず核酸を含んでいるはずである，というのが伝染性疾患の常識である。なぜなら感染物体には自己増殖をする能力が必要だからである。そして，自己増殖するものはどんなに単純なウイルスでも必ず核酸を含んでいる。

プリオンの研究者たちは，感染が成立する過程で核酸が介入している可能性

を常に考慮しながら，感染物体の正体を追い続けた．プリオン病の感染はタンパク質だけによるもので核酸は全く関与していない，という結論は遺伝学，分子遺伝学，タンパク化学にまたがる総合的な論証によるものであった．

3.2.16 タンパク分子の立体構造

多くのタンパク分子の立体構造に関する情報が蓄積した結果，タンパク分子の折りたたみ方には二つの特徴的なパターンがあることが明らかになった．これらの基本的パターンは α ヘリックスと β シートと呼ばれる．

α ヘリックス（α-helix）は1本のポリペプチドが規則正しいらせん構造をとった固い円柱構造になっている．水溶液中では1本の α ヘリックスは不安定で構造変換を起こしやすいが，2本が互いによじれ合ってより合せコイルを形成すると非常に安定する．α ヘリックス構造は繊維状タンパク質などに多く見られる．

β シート（β-sheet）はペプチド結合によって連なったアミノ酸が平面的に並んだ構造で，平行と逆平行の2種類がある．いずれも，球状タンパク分子の中心部で安定した構造を維持するのに貢献している．

α ヘリックスと β シートの大きさや安定性は構成するアミノ酸の化学的な性質に依存している．α ヘリックスや β シートなどの構造をタンパク質の二次構造（secondary structure）と呼ぶ．

多くの球状タンパク分子では，α ヘリックスと β シートの組合せ方にはあるパターンが見られる．このような構造はモチーフ（motif）と呼ばれる．モチーフは数個の α ヘリックスと β シートの組合せでできており，ヘアピンモチーフ，$\alpha\beta\alpha$ モチーフ，DNA結合モチーフなどがある．

モチーフはさらに複数個集まって，ドメイン（domain）と呼ばれる球状の立体構造を形成する．ドメインはタンパク質の立体構造の基本単位と見なすことができ，これを三次構造（tertiary structure）と呼ぶ．

タンパク分子は同じ種類のものが複数個集まってさらに大きな集合体を形成することがある．このような集合体を四次構造（quaternary structure）と呼

ぶ。四次構造には同じ種類の分子が2個結合した二量体，4個結合した四量体などがある。四次構造を構成している個々の分子をサブユニットと呼ぶ。四次構造をとるタンパク質には酵素反応や情報伝達などで調節的な働きをしている重要な分子が数多く含まれている。

3.2.17 自己集合による超分子構造の構築

　細胞の中には，タンパク質を中心にしてDNA，RNA，脂質，多糖類などが非共有結合によって集合した超分子構造体が多数存在している。1970年代にウイルス，リボソーム，バクテリア鞭毛などの研究が生命の物質的な側面を理解する上で極めて重要な役割を果たした。これらの超分子構造体は，構成要素である基本単位の分子（サブユニットと呼ぶ）を試験管の中で混ぜ合わせるだけで自動的に構築される性質を持っていた。

　タバコモザイクウイルス（tobacco mosaic virus）は自己集合（self-assembly）する超分子構造体として，はじめて分子生物学の歴史に登場した。このウイルスは1本のRNA分子と1種類の外被タンパク分子（2130個）だけでできている。必要なサブユニットを試験管内で混ぜて，適当な条件に置いたところ自己集合して感染能力を持つ完全なウイルスができた。

　バクテリアのリボソームはタバコモザイクウイルスよりはるかに複雑な構造をしており，約55種類のタンパク分子と3種類のRNAからなっている。バクテリアリボソームの場合も，必要なサブユニットを混ぜて適当な条件に置いただけで，タンパク合成機能を持つリボソームが構築された。

　自己集合する超分子構造体では，個々のサブユニットが高い分子識別能を持っており，他のサブユニットと非共有結合で結びつくと自分の立体構造を変化させて，次のサブユニットの結合を可能にするというやり方で構築の過程を制御している。タバコモザイクウイルスやバクテリアリボソームの研究から得られた自己集合に関するルールは，生命現象を物理・化学的な法則だけで理解しようとする機械論者を大いに勇気づけるものであった。自己集合のルールとは「超分子構造の構築に関する情報は，すべて構成分子の立体構造に内蔵されて

おり，外からの情報は必要としない」というものである。

3.2.18 自己集合できない超分子構造体

超分子構造体の中には，構成サブユニットを混ぜただけでは自己集合しない例もたくさん見つかっている。例えば，ミトコンドリア，繊毛，筋原繊維などである。

これらの集合体では，集合の際，集合体の各部分の微細構造を規定するように働く分子があり，集合に関する情報の一部を担っている。このような分子はサブユニットを集めて非共有結合で結びつけると，自分は離れてしまい，最終的にはその集合体には含まれない。このように，一種の触媒作用をする分子の助けを借りて集合体を構築するものは，サブユニットだけを混ぜても自己集合することはできない。

また，集合の過程でサブユニットに切断が起こる場合にも，自己集合を誘導することはできない。構成分子の切断はサブユニットの立体構造に不可逆的な変化をもたらすため，集合に関する情報も不可逆的に変化するからである。

超分子構造体の構築に必要な情報は基本的には構成サブユニットの立体構造に組み込まれており，全情報が保存されるやり方で集合体が構築される場合には，自己集合が成立する。構成サブユニット以外の分子にも集合の情報が付与されている場合には，自己集合は起こらない。集合の際サブユニットに不可逆的な変化が起こる場合にも，自己集合は起こらない。

核酸やタンパク質の立体構造に関する情報は，ヌクレオチドやアミノ酸などの基本単位の配列の中に含まれている。基本単位の配列は遺伝情報によって定められているので，結局細胞内の複雑な構造の構築も遺伝情報によって規定されることになる。

現在確認されている超分子構造体の構築には，分子間で働く相補性の原理だけで十分であり，物理・化学の法則では説明できない未知の力は必要としていない。

3.2.19 コード化された遺伝情報

情報はすべて何らかの形で暗号化（符号化）されている。では，生物が採用している情報システムにはどのようなメリットがあるのだろうか。情報理論でよく知られている暗号化のメリットのうち，遺伝情報に当てはまるものをまとめると次の五つに要約される。

① 安定性：情報の内容が自然に変化することを最小限にとどめる。
② コンパクト性：情報を保存する空間を小さくする。
③ 明確性：情報の曖昧さをできるだけ小さくする。
④ 能率性：情報の複製や取出しなど，情報処理の速度を高める。
⑤ 選択性：必要なときに必要な情報だけを取り出すことを可能にする。

さらに，遺伝情報が分子のレベルで詳細に理解されるにつれて，遺伝情報系の暗号化と解読のシステムには，次のようなメリットも潜在能力として備わっていることが明らかになってきた。

1) 情報の組合せによる多彩な細胞機能の創造　遺伝子の働きを制御している仕組みは遺伝子発現の調節機構と呼ばれている。これにはそれぞれの遺伝子の転写を制御する分子（転写調節因子）が働いている。この因子の働きによって，同じ遺伝子組成を持つ細胞でも遺伝情報の取出し方を変えることができる。その結果，それぞれの細胞の構造や機能は多様に変化する。

2) 既存の情報から新しい情報を創造　真核生物の遺伝子の内部構造が明らかになり，情報の収納の仕方が詳細に調べられるようになった結果，遺伝情報系には既存の遺伝情報を利用して新しいタイプの情報を作り出す仕組みがあることが明らかになった。細胞のこのような能力は生物進化をより迅速に促すことを可能にしている。

3) 変異の蓄積と新しい機能の創造　遺伝情報系と構造・機能系の役割分担によって，その世代の生命活動には重大な影響を与えることなく新しい遺伝情報をゲノムの中に蓄積し，後の世代の多様性の増大に貢献することも可能となった。

3.2.20 遺伝子発現と細胞分化

　ヒトの体の形成は1個の受精卵から始まる。受精卵には父方と母方から由来する2セットのゲノムが含まれている。受精卵は細胞分裂を繰り返して，細胞の数を増やしていく。細胞の数が数百から数千に達すると，個々の細胞に違いが現れてくる。この段階で現れた個々の細胞の特性は，やがて体を構成する各組織や器官の形成へとつながっていく。

　ヒトの体を構成している細胞は神経細胞，表皮細胞，血球細胞，筋細胞など大変多様である。ヒトの体には一体どのくらいの種類の細胞が含まれているのだろうか。発生生物学者の試算によると約250種類に上る。例えば神経細胞と血球細胞を比べてみると，大きさ，構造，働きなど全く異なることがわかる。細胞にこのような違いが生じる現象を細胞分化（cell differentiation）と呼ぶ。多細胞生物の体の構築は細胞分裂と細胞分化によって達成されている。

　細胞分裂は遺伝情報を正確に複製し，正確に娘細胞に伝えるようになっている。初期の発生生物学者は細胞分裂と細胞分化という一見矛盾する現象に深刻なジレンマを感じていた。細胞は特別な機能を発揮するために，ゲノムの遺伝情報に手を加えて変化させているのだろうか。それとも，遺伝子の働き方を調節して，働く遺伝子の組合せを細胞ごとに変えているのであろうか。

　発生生物学者ははじめ，細胞の分化は遺伝子が選択的に失われることによって起こるのではないかと考えた。神経細胞に分化するときにはある一群の遺伝子が細胞から捨てられ，血球細胞に分化するときには別の一群が捨てられるという具合にである。けれども現在では，細胞分化は原則として遺伝子の消失によるのではなく，働いている遺伝子の組合せによって生じることが確かめられている。

　遺伝子が働いている状態ではRNAおよびタンパク分子が合成される。これを遺伝子発現（gene expression）と呼ぶ。遺伝子発現のメッセージはRNAからでもタンパク分子からでも読み取ることができる。細胞分化は遺伝子発現の違いによって起こるという解答は，アフリカツメガエルの核移植実験によってはじめてわかり，後に多くの生物で細胞工学的な方法で確認されている。

4 細胞の基本構造

学習の目標

1. 細胞の種類と分類体系を理解する。
2. 細胞内部の基本構造を理解する。
3. ゲノムの全体像について理解する。
4. 細胞の進化の過程を考察する。

4.1 細胞の分類

　1970年代までは，生物界は二つの大きなグループに分けられていた。原核生物（prokaryote）と真核生物（eukaryote）である。グループ分けが行われた分類の基準は，顕微鏡での観察に基づいたもので，細胞の中に核（nucleus）などの特別な構造が見えるか見えないかという比較的単純なものであった。真核生物は細胞の中に独立した構造として核やミトコンドリア（mitochondria）などがはっきりと区別されるが，原核生物の細胞では核など特別な構造は何も見られない。この違いは，細胞質（cytoplasm）の特徴と密接に関係している。真核生物の細胞質には膜系が非常によく発達しており，核膜（nuclear membrane），小胞体（endoplasmic reticulum），ゴルジ体（Golgi body）などを構成する膜は互いに連続的なつながりを保っている。一方，原核生物の細胞質には真核生物に相当するような膜系は発達していない。したがって，核があるかないかという違いは，単に遺伝情報の保管の仕方が違うという以上に大きな違いを意味しているのである。

　1970年代になると，遺伝子（gene）の塩基配列（base sequence）が次々に解明されるようになった。やがて，ある特定の遺伝子の塩基配列を比較して生物を分類しよう，という考え方が生まれ，塩基配列の類似性を定量的に比較する方法が開発された。どの遺伝子を指標に用いるのが適切かというような議論がなされた後，rRNA遺伝子（ribosomal RNA gene）が塩基配列に基づく分類の指標遺伝子に選ばれた。rRNAはタンパク合成が行われるリボソーム（ribosome）の主な構成成分で，バクテリアから高等動植物に至るまで，あらゆる細胞に含まれている。

　多くの生物でrRNAの塩基配列が分析され，相同性（homology）が比較された。その結果，原核生物はさらに真正細菌（*Eubacteria*）と古細菌（*Archae*）の二つに分けられることが明らかになった。現在では，生物界は真正細菌，古細菌，真核生物の三つに分けられている（図4.1）。古細菌群を構成する細胞は非常に多様性に富み，高温，強酸性，深海，極地など地球上の極

4. 細胞の基本構造

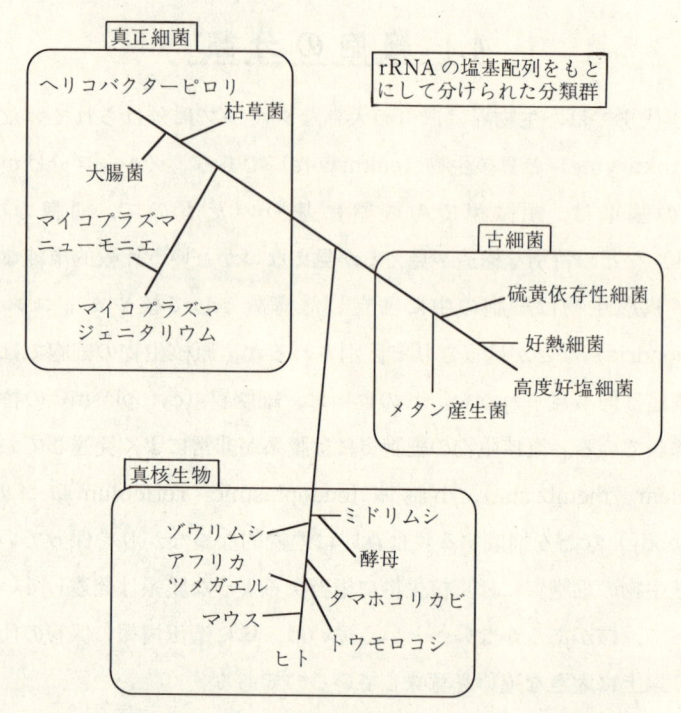

図4.1 生物界の分類。rRNAの塩基配列を比較して相同性を計算し、相同性の高いもの同士を集めてグループ化を行った結果、生物界は大きく三つのグループに分類された。ここに取り上げているのは細胞工学および微生物学によく登場する生物である。

[真正細菌: ヘリコバクターピロリ、枯草菌、大腸菌、マイコプラズマニューモニエ、マイコプラズマジェニタリウム]
[古細菌: 硫黄依存性細菌、好熱細菌、高度好塩細菌、メタン産生菌]
[真核生物: ゾウリムシ、アフリカツメガエル、マウス、ヒト、ミドリムシ、酵母、タマホコリカビ、トウモロコシ]

rRNAの塩基配列をもとにして分けられた分類群

端な環境に生息する細菌が多く含まれている。

地球上にかつて存在し、また現在生息している生物を見渡すと、生命の基本的な形態は二つしかないことに気がつく。「細胞一個で一個体」の単細胞生物と「細胞多数で一個体」の多細胞生物である。多細胞生物で最も細胞数の少ないグループは千のオーダーであり、2細胞生物や4細胞生物の存在は確認されていない。

ゾウリムシは「細胞一個で一個体」の代表的な生物である。はじめて顕微鏡を通してゾウリムシを見た学生は、「ゾウリムシの動きを見たとき、なんてきれいな生き物だろうと思った。ゾウリムシは平らな形の細胞だと思っていたけれど、実は円筒形をしていた。泳ぐときには体を回転させていた。ゾウリムシ

の作りは至って単純に見えたが，それだけでも立派に生きているということに感心した。見ていて，すごくゾウリムシに引き込まれるものを感じた。」と述べている。ゾウリムシのような単細胞生物でもはじめて見る人に，単独で自己完結している存在であるという洞察を与えるものなのである。

多細胞生物を構成する細胞は，形も機能も多様である。例えば，ヒトの体はおよそ60兆個の細胞からなっており，約250種類に分けられると推定される。

単細胞生物と多細胞生物の個々の細胞を比較すると非常に多くの点で相違点が見られる。それなのに，なぜ私たちは，細胞一般について考えることができるのであろうか。細胞は，人にそう思わせるどんなものを共通に持っているのだろうか。細胞に関する膨大な実験・観察から明らかになったすべての細胞に共通する特徴についてまとめてみる。

4.2 原核細胞の特徴

原核細胞には真正細菌（藍色細菌（cyanobacteria）・マイコプラズマ（mycoplasma）・クラミジア（chlamydia）・リケッチア（rickettsia）などを含む）と古細菌が含まれる。これらの細胞については共通する特徴を述べるよりは，違いを知ることの方が重要である。なぜなら，このグループの細胞は非常に多様で，ある種類の細胞は単独では生存できず他の細胞に寄生して増殖し，別の種類では高温，高圧，無酸素状態など極端な環境でしか生存できない生物も多数含まれているからである。

4.2.1 真正細菌

大腸菌，枯草菌，ヘリコバクターピロリなどに代表されるグループで，球状・桿状・らせん状などの形をしている。細胞内には核酸が集合した核様体（nucleoid）が見られる。細胞は細胞壁（cell wall）で囲まれており，細胞壁の構成成分によって二つのグループに分けられる。グラム染色法（Gram's staining method）で染まるグラム陽性菌（Gram positive bacteria）の細胞壁

はペプチドグリカンとテイコ酸を主成分としており，グラム染色法では染まらないグラム陰性菌（Gram negative bacteria）の細胞壁は少量のペプチドグリカンとリポ多糖類・リポタンパク質からできている。グラム陰性菌の中で，病原性を持つものはリポ多糖類が宿主に対して毒作用を発揮する。

このグループのもう一つの重要な特徴は線毛（pili）である。線毛には性線毛と非性線毛の2種類がある。性線毛は接合の際に相手の細胞と結合し，DNAの通路となる。非性線毛は細胞が他の細胞や物体と付着するときに働く。

次に真正細菌の中で特に今後細胞工学的に可能性を秘めたグループをいくつか取り上げ，その大まかな特徴を整理しておく。

藍色細菌（シアノバクテリア）　　従来は藍藻と呼ばれていたグループであるが，細胞内に核や細胞小器官が見られないことから原核細胞に分類されるようになった。真核植物と同様に光合成を行い，水と二酸化炭素からブドウ糖を合成し，酸素を放出する。藍色細菌の光合成色素は真核植物と同じクロロフィル a（chlorophyll a）であり，他の光合成細菌のバクテリオクロロフィル（bacteriochlorophyll）とは区別される。藍色細菌は大気中の二酸化炭素と窒素分子を原子の形に分解して，有機物の形に組み込む代謝系（炭素固定および窒素固定）を持っているので，基本的には水と空気と光さえあれば十分に生きていける細菌である。細胞工学的には，今後この細菌の代謝経路の理解が進むにつれて，有機物を人工合成するための全く新しいシステムが考案される可能性が秘められている。

スピロヘータ（spirochaetes）　　らせん状の形をした細菌で，細胞全体を軸糸に沿って回転させながら運動する。寄生性のものが多く，レプトネマ（leptonema）はヒトの梅毒の病原体として知られている。細胞機能に重大な変化をもたらすような毒性を持つ物質は，多くの場合，細胞の中で重要な役割を果たしている分子と強い親和性を持っていることが明らかにされている。スピロヘータは宿主細胞に重大な機能変化をもたらす細胞内寄生細胞である。スピロヘータの生活方式について分子レベルでの理解が進めば，この生物の特性

を生かして，細胞の中で重要な役割を果している分子の研究や有効利用の道が開かれる可能性がある。

クラミジア，リケッチア　これらのグループは真正細菌が退化したものと考えられており，宿主細胞の中でしか増殖できない。クラミジアはオウム病・リンパ肉芽腫・トラコーマなどの，リケッチアは発疹チフス・ツツガムシ病などの病原体である。これらの細菌についても，遺伝情報に関して宿主細胞との間で行われた相互作用や自分の遺伝情報の整理の仕方についての理解が深まれば，細胞工学的には大きな可能性を秘めた存在になるだろうと思われる。

マイコプラズマ　このグループは血清・腹水などを含んだ培養液（人工無細胞培地）で増殖できる最小の細胞である。細胞壁がないので，形や大きさは不定で，ゲノム DNA の全塩基配列が完全な形で決定された最小の生物である。代表的な種の全ゲノム塩基はおよそ 580 kb（kilobase，キロ塩基）である。

生物学者は生命活動に必要な最小限の遺伝子について，具体的な推定を始めている。これは最低どのような種類の遺伝子がいくつあれば細胞として成り立つのか，という問題である。現在のところ，真正細菌の *Haemophilus influenzae* とマイコプラズマの一種，*Mycoplasma genitalium* の全ゲノム塩基配列をもとにして，256 遺伝子がモダンタイプの細胞を維持するのに必要な最小の遺伝子数であろう，と推定されている。

今後多くの生物で全ゲノムの塩基配列が判明すると，すべての生物に共通する遺伝子の数や種類が，かなりの正確さをもって推定されることになる。さらに，マイコプラズマのような極端に単純化した生物の理解が深まれば，この生物の中で行われている有用物質の合成に必要な要件がすべて把握できるようになるかもしれない。細胞工学的には，これらの生物の代謝系を利用して近い将来，無公害で生態系に大きな影響を与えることなく有用物質を大量生産する方法が開発されるのではないか，という期待がもたれるところである。

4.2.2 古　細　菌

嫌気性のメタン産生菌（methane bacteria）を代表とするグループで，rRNA の塩基配列の違いなどによって独立した分類群に分けられた。このグループは多様性に富み，極端な環境に生息するものが多く含まれている。ある種の古細菌では，転写や翻訳に関連した分子が真核細胞のものと高い類似性を示すことが明らかになり，真核細胞の起源を知る上で重要な存在となっている。

古細菌が細胞工学的な技術によって分子遺伝学の発展に大きく貢献した例として，PCR（polymerase chain reaction, ポリメラーゼ連鎖反応）で用いられている DNA ポリメラーゼの一種 Taq polymerase がある。これは高温条件で生息する古細菌の中から，高温下で触媒作用を発揮する酵素が取り出され利用されるようになった結果，分子遺伝学の技術が飛躍的に発展した例である。

4.3　真核細胞の特徴

真核細胞は，原核細胞と異なり，細胞の内部に高度に組織化された構造が発達している。細胞の内部構造は大きく次の三つに分けられ，生命活動は分業化されている。

① 単位膜構造（unit membrane structure）が発達して細胞質は区画化（compartmentalized）されている。
② 細胞骨格系（cytoskeleton system）が発達して網目構造を形成している。
③ 様々な細胞小器官（organella）が含まれている。

単位膜は脂質の二重層にタンパク質が組み込まれた構造をしており，基本構造はすべての真核細胞で共通である。

4.3.1 細胞内膜系

〔1〕細 胞 膜

細胞膜（cell membrane, plasma membrane）は細胞の表面を覆っている膜で，外界との物質の出入りを調節している。一般に水などの溶媒に対しては透過性（permeability）を示すが，溶質は透過させない性質を持つ。しかし，細胞膜に組み込まれたタンパク質の働きによって，特定の化合物やイオンに対しては高い透過性を示す。細胞膜のもう一つの重要な働きは情報伝達（signal transduction）である。細胞膜には外部からの刺激を細胞内に伝える精巧な分子機構が組み込まれていおり，発生における形態形成（morphogenesis），細胞間コミュニケーション（cell-to-cell communication），細胞分裂の制御など重要な働きをしている。

〔2〕小 胞 体

小胞体は細胞膜と基本構造を同じくする単位膜でできており，複雑な袋状の構造をしている。電子顕微鏡で観察すると，表面がなめらかな部分と小さな粒子が付着してざらざらした部分が見られる。前者は滑面小胞体（smooth surfaced endoplasmic reticulum），後者は粗面小胞体（rough surfaced endoplasmic reticulum）と呼ばれる。粗面小胞体の小さな粒子はリボソームで，ここでタンパク合成が行われる。合成されたタンパク質は小胞体の内部に放出され，濃縮されたり，化学的に修飾された後，細胞内の各部に輸送される。

〔3〕ゴ ル ジ 体

ゴルジ体は滑面小胞体の袋が数重に積み重なったもので，内部には様々なタンパク質，脂質，多糖類などが含まれている。ゴルジ体の周辺部はちぎれてできた小胞が多数分布している。これらのゴルジ小胞は細胞膜と接触すると膜融合（membrane fusion）を起こして，小胞内部の物質を細胞の外に放出する。このようにして，消化液・乳液・ホルモンなどの分泌が行われる。

〔4〕核 膜

核膜は単位膜が2層に重なった構造をしており，核膜孔（nuclear pore）によって細胞質と連絡している。核膜の外側の膜は小胞体と連続している。核膜

孔は特別なタンパク質の集合体で形成されており，mRNAや核タンパク質などの輸送で調節的な働きをしている。

4.3.2 細胞骨格系

真核細胞は繊毛運動（ciliary movement），鞭毛運動（flagellar movement），原形質流動（protoplasmic streaming），アメーバ運動（amoeboid movement）など多彩な運動性を持っている。これらの細胞運動は，主としてアクトミオシン系（actomyosin）と微小管（microtubule）の二つの細胞骨格系によって行われている。

〔1〕 アクトミオシン系

アクトミオシン系はアクチン繊維とミオシン繊維の2種類の繊維状タンパク質からなり，原形質流動，アメーバ運動のほか動物の筋収縮の動力装置として作用する。また，細胞骨格として細胞の形態保持の機能も持っている。

アメーバ，白血球，培養細胞などで見られる飲作用（pinocytosis）や食作用（phagocytosis）にもアクトミオシン系が重要な役割を果たしている。原核細胞にはアクトミオシン系と類縁の繊維状タンパク質が見られないため，この系の系統進化上の起源は謎である。

〔2〕 微 小 管

微小管は，チューブリン（tubulin）と呼ばれる球状のタンパク質が重合して，長い管状の繊維になったものである。微小管はチューブリン分子の重合の仕方によって2種類に分けられる。細胞質微小管は1本の管状構造が単位となっているが，繊毛微小管は2本でワンセットになっている。細胞質タイプは，紡錘体（spindle body）として核分裂の際染色体を引っ張ったり，色素顆粒などの細胞内顆粒の移動に関与する。繊毛タイプは繊毛・鞭毛の構成成分となるほか，中心体（centrosome, central body）の構成要素にもなっている。繊毛や鞭毛を輪切りにしたときに見られる「微小管の9+2構造」はすべての真核細胞に共通したものである。

4.3.3 細胞小器官

独自のDNAを持ち，他の膜系や細胞骨格系とは独立に存在する細胞小器官にミトコンドリアと葉緑体がある。ミトコンドリアと葉緑体の起源に関しては，細胞内に共生したバクテリアである，という細胞内共生説が提案されている。

〔1〕 ミトコンドリア

ミトコンドリアは内外二重の単位膜からなり，ATPを合成する反応系が含まれている。細胞質の中でブドウ糖が分解されてピルビン酸になると，ミトコ

表4.1 真核細胞を構成する細胞小器官。多くの細胞に見られる細胞小器官の一般的な特徴

核	2層の膜からなる核膜によって細胞質から分離されている。 DNAの大部分を含む。 DNAはほぼ同量のヒストンと結合しクロマチン繊維として蓄えられている。 核の内容物は核膜孔で細胞質と連絡している。 遺伝子の保管と転写を行う。 核の起源は不明
ミトコンドリア	真核細胞のエネルギー産生の場 大きさは細菌程度 低分子化合物の酸化反応の際に得られるエネルギーを利用してATPを作る。 内膜と外膜の二重膜からなり，内膜にはクリステが発達している。 独自のDNAを持つ。 酸素呼吸の場/クレブス回路/電子伝達系と酸化的リン酸化 細胞内カルシウムの調節/ケトン体合成
葉緑体	光合成が行われる。 クロロフィルを含み，2層の膜に囲まれており，すべての高等植物に見られる。 内膜からチラコイド膜が発達し，光合成を行う複合体が存在する。 独自のDNAを持つ。 明反応（光化学反応）/暗反応
ゴルジ体	膜で囲まれた平たい袋が重層している。 タンパク質などの巨大分子を他の細胞小器官に運搬したり，細胞の外に分泌する働きがある。 分泌・運搬の際，巨大分子を修飾・仕分け・梱包する。 ゴルジ体の周囲には多数の小胞があり，物質運搬に働く。 分泌タンパクやリソソーム酵素のパッケージング
小胞体	細胞質全体に広がっている膜構造で，平らな層・袋状・管状など形態は多彩。 核膜の外膜とつながっており，脂質や膜タンパク質の合成・輸送を行う。 粗面小胞体は平たい層を形成し，タンパク合成を行うリボソームが付着 滑面小胞体は管状な場合が多く，主に脂質代謝を行う。

ンドリアに取り込まれ，TCA回路（tricarboxylic acid cycle）と電子伝達系（electron transport system）を経てエネルギーが取り出される。ミトコンドリアは小胞体やゴルジ体などの膜系とは連結しておらず，独立した存在である。

〔2〕 葉 緑 体

植物細胞には，光合成を行う葉緑体（chloroplast）が含まれている。葉緑体には高度に発達した単位膜からなるチラコイド（thylakoid）があり，ここ

表4.2 細胞骨格系。細胞骨格系は真核細胞の多彩な機能を支えている重要な構造体である。これまでのところ細胞骨格系の発達した原核細胞は全く報告されていないため，細胞骨格系の起源は大きな謎となっている。

細胞膜	細胞の外側の境界を形成する単位膜（脂質二重膜） リン脂質分子が主成分で厚さは 4〜5 nm 様々な種類のタンパク質が埋め込まれている。 これらのタンパク質は受容体・イオンチャネル・細胞認識・細胞接着・細胞融合・食作用・エキソサイトーシスなど多彩な細胞機能に関係
リソソーム	直径 0.2〜0.5 μm の膜に包まれた小胞 細胞内消化にかかわる加水分解酵素（タンパク分解酵素/エステラーゼ/グルコシダーゼなど）を含む。
ペルオキシソーム	直径 0.2〜0.5 μm の膜に包まれた小胞 過酸化水素の生成・分解に関与する酸化酵素を含む。
核小体	rDNA を大量に含み，rRNA を合成する。
有糸分裂装置	紡錘糸と星状体で構成されている。 有糸分裂の際，染色体を二分し娘細胞に分配する。 紡錘糸は微小管からなる。 星状体の中心には中心体がある。
鞭毛・繊毛	中心部は 9＋2 構造の微小管で構成されており，細胞膜と連続した膜で囲まれている。 細胞質の基底小体から伸びている。 細胞の運動器官であるが，接着などに利用される場合もある。
液 胞	1層の膜に囲まれた大きな胞で，細胞容積の 90％ に及ぶこともある。 細胞内の空間を埋める役割とともに細胞内消化の場ともなっている。
細胞骨格	真核細胞の細胞質にはタンパク質の細い繊維でできた網目構造が発達 網目構造を構成するタンパク質の繊維を細胞骨格と呼ぶ。 細胞骨格は細胞の形を定めたり，細胞運動の基盤となっている。 主要な構成繊維は 3 種類である。 ① 微小管：チュブリン分子の重合体で直径約 25 nm ② アクチンフィラメント：アクチン分子の重合体で直径約 8 nm ③ 中間径フィラメント：直径約 10 nm の繊維

で光合成の主要な反応が行われる。
　表 4.1 と表 4.2 には真核細胞に見られる主な細胞内構造物の特徴がまとめて示してある。

4.4　細胞構築の原理

　大腸菌に代表される微生物から高等動植物の細胞まで，細胞全般にわたって共通する特徴として，次の 4 点が挙げられる。いずれの特徴も膨大な数の細胞で行われた観察と実験の結果に基づくものである。

① 2 系統性：細胞は遺伝情報系と構造・機能系の二つの物質系からなる。
② 統一性：遺伝情報系にはウイルスからヒト細胞まですべての生物に共通するルールが働いている。
③ 互換性：遺伝情報および細胞構成成分は多くの細胞の間で入替えが可能である。
④ 独立性：細胞の諸機能はそれぞれの目的に応じて細分化されておりそれぞれの「部分」は分割して把握することが可能である。

　これらは，「生命の連続性」の各側面を具体的に表現したものにほかならない。生命の連続性は，例えば「大腸菌と象」や「酵母とヒト」のように，各生物の個体を外側から見ただけでは非常に理解しにくい概念であるが，細胞の中の分子と遺伝情報系に保存されている形式，例えば酵素やセントラルドグマを見れば容易に理解できるものである。細胞工学は，細胞が持つこれら四つの特徴を基盤にして成り立っている。

4.4.1　2 系 統 性

　いま，ここにゾウリムシが泳いでいるとする。pH やイオンなどの化学的な刺激を与えると，このゾウリムシはあたかも「驚いたように立ち止まり」，次の瞬間には急に後方に泳ぎ出して刺激源から逃げようとする。これが野生型のゾウリムシが行う回避反応（avoiding reaction）である（**図 4.2**）。

4. 細胞の基本構造

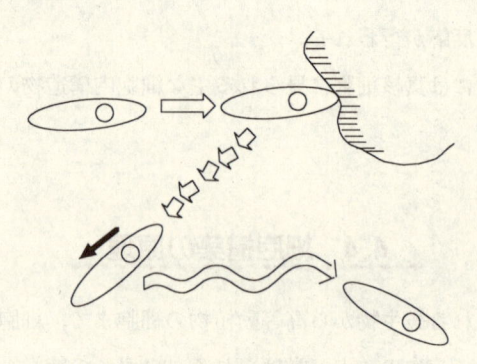

図 4.2 構造・機能系の特徴を示す例。ゾウリムシの遊泳行動は繊毛運動によっている。繊毛運動は膜電位と密接に連動しており，細胞内カルシウムイオンが重要な調節因子となっている。

ところが，刺激に対して何も反応しないゾウリムシが見つかったとする。野生型のゾウリムシが刺激に対して敏感に反応することを知っている研究者は，不思議に思う。そこで彼は刺激に対して反応しないゾウリムシを調べる計画を立てる。彼は何を調べようとするか。彼が第一に注目するのは感覚器官としての細胞膜と運動器官としての繊毛である。そして，これらの構成タンパク質を調べる方法を検討する。綿密な実験の結果，彼は一つの答えにたどり着く。刺激に対して反応しなかったゾウリムシは，繊毛膜に存在するカルシウムチャネル分子（calcium channel molecule）の働きに欠損があったと。カルシウムチャネルはタンパク質でできている分子で，カルシウムイオンの通り道を作っているものである。このように多くの場合，正常に働かない細胞機能の原因はタンパク分子の中に見つけることができる。

ところが，化学的な刺激に反応しないゾウリムシを見て別の疑問を持つ研究者もいる。このゾウリムシは，細胞分裂を繰り返すと，どうなるのだろうか，この性質は代々子孫に伝えられるのだろうか，それともそのゾウリムシ一代限りの性質なのだろうか。このような疑問を持った場合には，研究者はまず，遺伝子を調べるための実験を考える。正常なゾウリムシとかけ合わせるなど，様々な交配実験を行った後で，彼は結論に達する。刺激に反応しない性質はあ

る遺伝子に突然変異が生じた結果であり，この性質は細胞分裂に伴って細胞から細胞へと伝わっていくものであると（図4.3）。

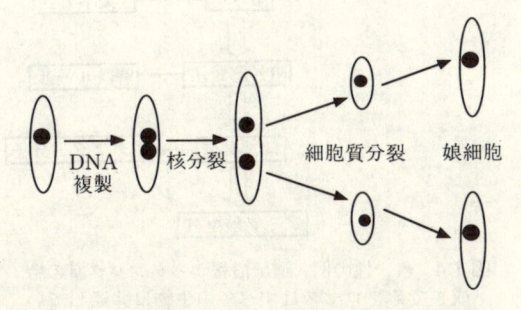

図4.3 遺伝情報系。ゾウリムシの細胞分裂を模式的に表した図。ゾウリムシの細胞内には遺伝情報の保管場所として大核と小核の二つがある。ここでは小核の複製は省略してある。大核のDNAは小核の遺伝情報をもとにして，細胞の代謝に利用されやすいように再編成されて作られる。小核のDNAは，複製を繰り返しても老化しにくいように保護されている。

ゾウリムシの例でわかるように，細胞は基本的に遺伝情報系と構造・機能系の二つの物質系によって構成されている。最も重要な構成成分は前者ではDNAであり，後者ではタンパク質である。そして，DNAの遺伝情報とタンパク質の一次構造は遺伝コードによって結びつけられている。

4.4.2 統　一　性

遺伝情報系のルールに関する統一性は，生命の連続性を示す最も説得力のある特徴である（図4.4）。その第一，遺伝情報は核酸が担っている。第二，遺伝情報は暗号化されている。第三，遺伝暗号は3文字記述式である。第四，遺伝暗号はリボソームで解読される。第五，遺伝暗号とアミノ酸の対応は小さなアダプターRNAによって結びつけられている。

こうして次のような細胞工学の重要な命題が生まれる。「アミノ酸を指定するDNAの遺伝情報は大腸菌の中でも，ヒト細胞の中でも情報としては等価である」。一部の生物で，DNAのトリプレットとアミノ酸との対応関係に例外

4. 細胞の基本構造

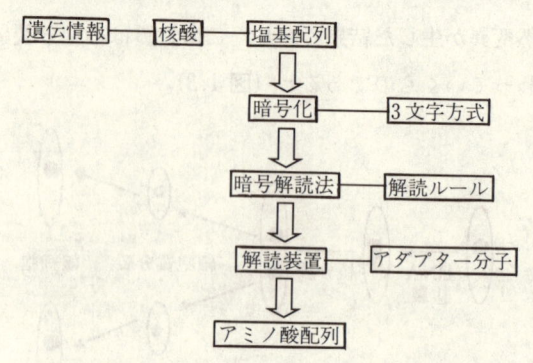

```
遺伝情報 ─ 核酸 ─ 塩基配列
                    ↓
                  暗号化 ─ 3文字方式
                    ↓
                暗号解読法 ─ 解読ルール
                    ↓
                 解読装置 ─ アダプター分子
                    ↓
                アミノ酸配列
```

図4.4 統一性の例。遺伝情報からタンパク質の合成までのプロセスはすべての生物に共通している。塩基配列からアミノ酸配列までの情報の流れは一方向的であり、このプロセスは「セントラルドグマ」と呼ばれる。

的なルールを使っているものも見つかってはいるが、基本的には暗号の読取り方は普遍的である。

4.4.3 互　換　性

　遺伝情報は多くの細胞の間で、入替えが可能である。遺伝子導入という実験手段を支えている理論的な基盤は、遺伝情報の互換性にある。細胞は基本的には、本来自分に備わっている遺伝情報と同じように、外来のDNAからでも遺伝情報を読み取ることができる。また、遺伝情報だけではなく、他の多くの細胞構成成分も細胞間で入れ替えることができる（図4.5）。細胞の驚くべき性質の一つは、細胞膜に大きな損傷を与えない限り、他の細胞由来の様々な物質を受け入れることができる、ということである。細胞の中で行われている化学反応系は、種を超えて普遍的で非常に柔軟性に富んでいる。

4.4.4 独　立　性

　細胞は「全体」としての性質を保つために精密に統制されているように見える。大きさ、DNA量、タンパク量などはクローン（clone）を構成する細胞間での偏差は一般に極めて小さい。細胞周期のペースや細胞膜の興奮性などで

4.4 細胞構築の原理

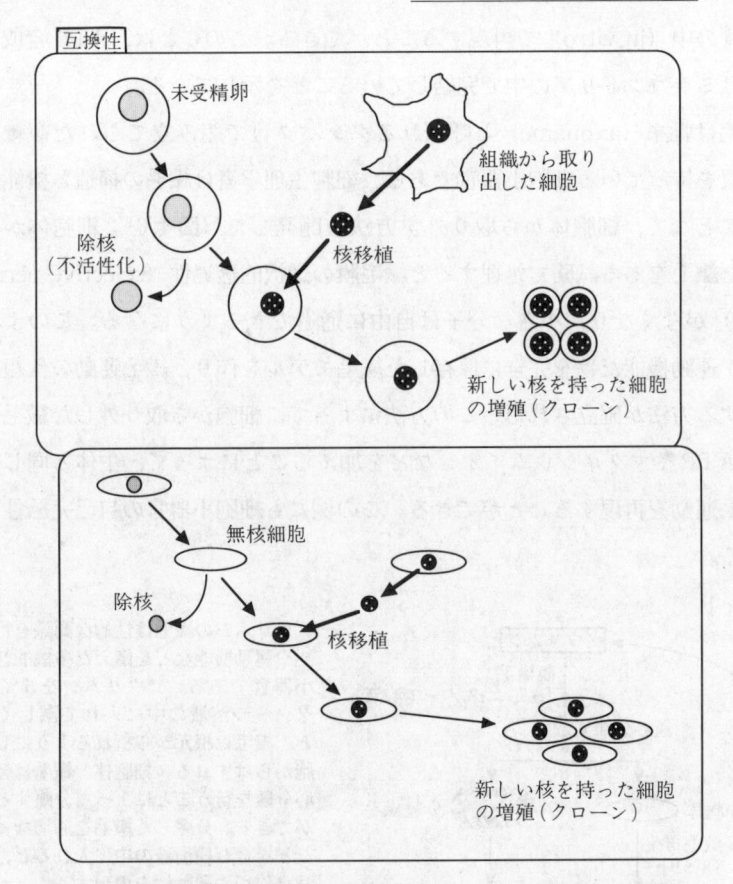

図4.5 核移植実験。核を紫外線照射するとDNAが至る所で切断されて，核は本来の機能を失ってしまう。これを核の不活化と呼ぶ。また，マイクロピペットを使って物理的に核を細胞から取り除くこともできる。ある種の細胞では，細胞骨格系を破壊する化学薬品を使って化学的に除核することもできる。除核した細胞に別の種類の細胞の核を移植すると，雑種細胞ができあがり，新しい性質を持った細胞のクローンを作ることができる。

も同じような傾向が見られ，細胞間の違いは小さい。遺伝的な素質が同じ細胞では，多くの特徴に斉一性が見られるのが一般的である。

ところが，高度に統制された全体性を保ちながらも，細胞の各部分は高い独立性を持っている。例えば，ミトコンドリアである。ミトコンドリアを細胞から取り出して，適当な反応条件を設定すれば，細胞内でのATPの合成反応を

試験管の中（in vitro）で再現することができる。このことは，ATP合成の反応系はミトコンドリアの中で完結していることを示している。

繊毛は軸糸（axoname）と呼ばれるタンパク質で組み立てられた複雑な運動装置を持っている細胞小器官である。細胞生理学者は繊毛の構造と機能を損なうことなく，細胞体から取り外す方法を開発した（図 4.6）。細胞体から分離した繊毛をある試薬で処理すると繊毛膜の選択的透過性（selective permeability）がなくなり，小さな分子は自由に通過できるようになる。このようにして，運動機能だけを完全に保存した繊毛モデルを作り，繊毛運動の仕組みを解明する方法が確立された。この方法によって，細胞から取り外した繊毛に外からATPやマグネシウムイオンなどを加えることによって，生体と同じような繊毛運動を再現することができる。この例にも細胞小器官の自己完結性が見られる。

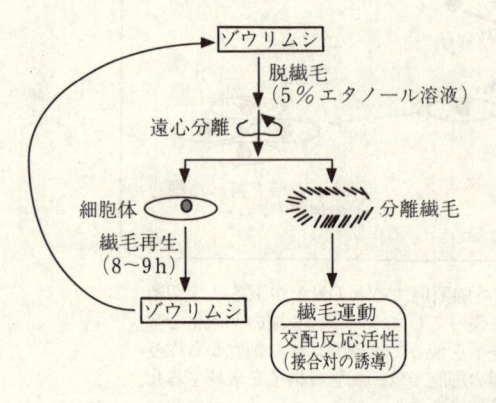

ゾウリムシの繊毛は性的な認識を行う機能や運動機能などを備えた多機能性細胞小器官である。ゾウリムシを5％のエタノール溶液の中に入れて激しく振ると，繊毛は根元から折れるようにして細胞からはずれる。細胞体と繊毛は軽く遠心分離を行うことによって分離することができる。分離した繊毛を適切なイオンなどを含む緩衝液の中に入れると，性的認識作用や運動性を再現することができる。細胞体の方は室温で静置すると，8～9時間後には繊毛は元の大きさまで再生する。

図 4.6　繊毛機能の独立性

また，ゾウリムシでは，マイクロインジェクション（microinjection）用のガラス針を使って，細胞から核を抜き取ることができる。核を取り除かれた細胞はどうなるであろうか。2～3日の間，彼らは，何事もなかったかのようにすいすいと泳ぎ回る。刺激があれば，繊毛運動を変化させて刺激を回避する遊泳行動も正常に行うことができる。遊泳行動を見ている限りにおいては，核を持っているものと持っていないものを区別することは難しい。このような実験

から，ゾウリムシの刺激に対する感応性や繊毛運動は，直接核の支配を受けているわけではないことがわかる（図4.7）。

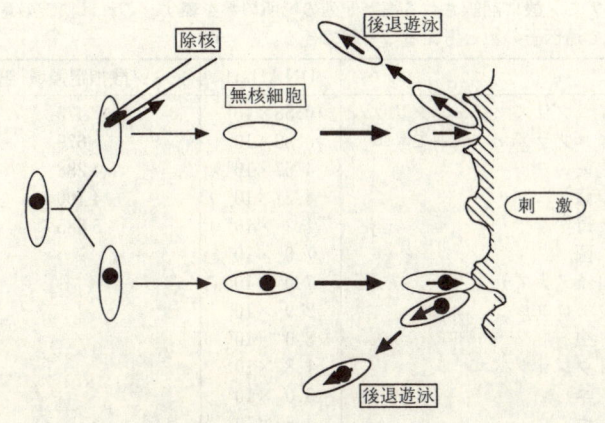

図4.7 細胞質の機能の独立性。ゾウリムシからマイクロピペットを用いて核を取り除いても，しばらくの間は細胞体の刺激に対する反応性は全く変化しない。しかし20数時間後には無核細胞は運動性を失ってしまう。

核を取り除いた細胞は2〜3日後には泳ぎを停止して死んでしまう。生命活動を長期間にわたって維持するためには，核の存在が必須であり，おそらくは核の中の遺伝情報によるタンパク質の合成が重要なのであろう。

ミトコンドリア，細胞膜，繊毛，核はそれぞれ互いに密接に依存し合っているにもかかわらず，それぞれの機能に関しては，高い独立性を保っている。各細胞小器官には独立性を保証しながら，全体としての統制を保っているのが細胞の大きな特徴である。

4.5 細胞のゲノム構造

4.5.1 ゲノムの定義

ゲノムは「その生物が生命活動を維持するのに必要な最小限の遺伝情報」と定義される。ゲノムの化学的な実体は，染色体を構成するDNAの総体である（**表4.3**）。1セットのゲノムで構成されている細胞は，単相（haploid, n で

表 4.3 ゲノム DNA の大きさ.分子生物学・細胞生物学・発生生物学などでよく用いられる生物のゲノム DNA の大きさを示す.数値は塩基対数を表している.アミノ酸指定領域（場所）はゲノム DNA 上でアミノ酸に翻訳される塩基配列の場所の数を表す.これは狭義の意味で遺伝子の数と考えることができる.

	DNA〔bp〕	アミノ酸指定領域〔箇所〕
マイコプラズマジェニタリウム	0.58×10^6	470
マイコプラズマニューモニエ	0.82×10^6	679
大腸菌	4.67×10^6	4 288
枯草菌	4.21×10^6	4 100
酵母	1.2×10^7	5 885
粘菌	7.0×10^7	
シロイヌナズナ	7.0×10^7	
トウモロコシ	2.9×10^9	
線虫	8.0×10^7	
ショウジョウバエ	1.8×10^8	
ウニ	8.0×10^8	
イカ	4.5×10^9	
アフリカツメガエル	3.0×10^9	
ニワトリ	1.2×10^9	
マウス	2.9×10^9	
ウシ	3.1×10^9	
ヒト	3.2×10^9	

bp：base pair（塩基対）

表される）の核を持つバクテリアや生殖細胞である.多細胞生物の体を構成している体細胞は複相（diploid, $2n$ で表される）で，2 セットのゲノム（一つは父方由来，もう一つは母方由来）で構成されている.

4.5.2 ゲノムを理解する意義

1995 年に真正細菌とマイコプラズマでゲノムの全塩基配列が決定された.これに続く 2 年間で，12 種類のバクテリア（真正細菌と古細菌の総称）と 1 種類の酵母でゲノムの全塩基配列が判明した.ゲノムの完全な塩基配列を知ることにはどんな意義があるのだろうか.

私たちは「知っていること」と「知らないこと」があるということを知っている.「知っていること」については，その内容も把握しており，状況に応じて様々な議論をしたり，判断することもできる.ところが，「知らないこと」

に関しては，その内容まで詳しく言及することができない。もし，その内容について何らかの認識を持つなら，それはもう「知っていること」に属するからである。ゲノムの塩基配列の構造を解析するゲノム生物学は「知らないこと」の内容を把握する新しい方法論を提供している。

ゲノムは有限の世界である。これまでにわかった遺伝情報をまとめると，ゲノム全体の中で「知っている」部分を色分けすることができる。もし，ゲノム全体の情報がわかれば，私たちは「色が塗られていない部分」を知ることができる。つまり，「知らない」部分に関する遺伝情報についても完全に把握できることになる。ゲノムの全体像が確定した13種類の生物を見ると，いずれの

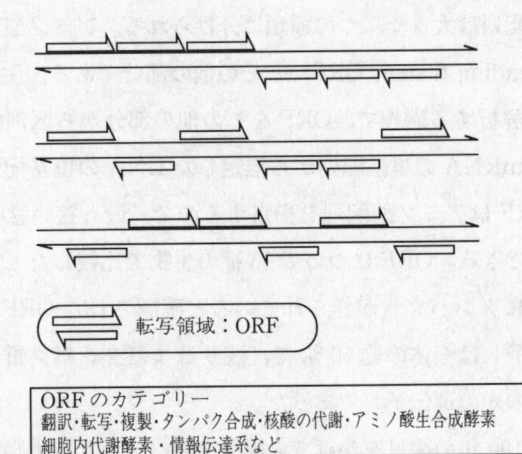

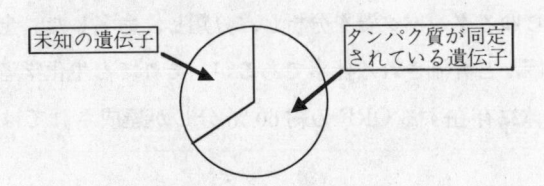

図4.8 ゲノムの構造。現在までに明らかにされた全ゲノム塩基配列の特徴を模式的に示す。DNAの二本鎖の方向性は矢印で表している。ORF (open reading frame) の矢印は翻訳の際に読まれる方向を示している。遺伝子は関連した機能を持つものが集まってクラスターを形成している場合が多く見られる。しかし，全体的には遺伝子の配置に規則性は認められず，遺伝子の分布の様式はランダムである。

場合でも「知らない部分」は全体の約40％であった。この偶然とも思える40％という数値は多くの生物学者にとって驚きであった（図4.8）。

4.5.3 ゲノムの全体像

これまでに明らかにされたゲノムの大きさは，原核細胞だけで見ても0.6～4.7Mb（メガベース）と，大きな広がりを見せている。このゲノムサイズの広がりは，大腸菌のように進化的に拡大化の方向へ進んだ生物と，マイコプラズマのように縮小化の道を歩んだ生物がいるためであると考えられている。

ゲノムの塩基配列は大きく二つの種類に分けられる。アミノ酸配列を指定する配列（open reading frame，ORF）とその他の部分である。生物学者はゲノムの塩基配列を解析する過程で，ORFをその他の部分から区別する方法を発見した。それはmRNAの塩基配列から推定したDNAの塩基配列を利用する方法である。ORFはアミノ酸配列を指定するので，最も狭い意味での遺伝子と見なすことができる。ORFについて13種の生物で比較したところ，いずれの生物でも実際にタンパク質が作られていると確認されたORF，つまり「知られている遺伝子」は全体の約60％で，残りはまだタンパク質としては確認されていない「未知の遺伝子」であった。

生化学者は約100年の歳月をかけて大腸菌を調べてきた。大腸菌から抽出できるありとあらゆるタンパク質を分析し，分類し，命名した。全体としてかなりよく調べ上げたと評価される仕事であるが，それでも生化学者の仕事は大腸菌のゲノム全体に存在するORFの約60％分しか達成されてはいなかったのである。

ゲノムの全塩基配列がもたらした情報でもう一つ明らかになったことは，調べられた13種類の生物ですべて同じ程度に「未知の遺伝子」が残っている，ということである。しかし，これは「未知の遺伝子」の内容まで共通しているということではない。ここではまだ「知らないこと」の内容は把握されてはいないのである。

4.5.4 遺伝子ファミリー

現在，あらゆる生物で塩基配列が明らかにされた遺伝子は，すべて何らかの形でデータベースに登録されている。その数は膨大な量に上る（簡単には正確な数を把握することはできないほどである）。1991年に，ヒト脳細胞からmRNAを抽出し，cDNAライブラリー（complementary DNA library）を作成して，多くの遺伝子クローンを調製した。その中から，ランダムに450クローンを取り出し，自動塩基配列決定装置にかけて塩基配列を決定した。次に，これらの塩基配列をデータベースで検索したところ，数万個の関連遺伝子が見つかった。これは，ヒト脳細胞で発現している遺伝子と共通した塩基配列を持つ遺伝子が，他の生物でそのときまでにすでに数万個見つかっていたということである。

解明された多くの遺伝子の塩基配列を調べた結果，多くの分子生物学者は，すべての生物は共通した祖先細胞から遺伝的拡大によって生じた，と考えるようになった。遺伝的拡大というのは，古い遺伝子が重複や修飾を受けて，新しい遺伝子に変わっていくことなので，個々の遺伝子の塩基配列を見ただけで互いの関連が推定できるのである。

例えば，ヒトとバクテリアで見ると，triosephosphate isomeraseという酵素はアミノ酸配列が約45％の部分で相同である。このような例はたくさん見られ，アミノ酸配列の多くは原核生物と真核生物の間でさえも容易に関連づけることができる。こうして，アミノ酸配列に換算して25％以上の相同性を持つ遺伝子は，一つのグループにまとめて遺伝子ファミリー（gene family）とする分類方法が生まれた（図4.9）。

遺伝子ファミリーの概念はゲノムの塩基配列情報を解釈する上で，極めて重要な役割を果たしている。まだ，タンパク質の存在や機能が確認されていない遺伝子でも，その塩基配列からアミノ酸配列を推定することによって，他の生物の遺伝子との相同性を明らかにすることができる。25％以上のアミノ酸配列が同じなら相同タンパク質と定義され，この定義に基づいて遺伝子の機能や類縁関係が推定されている。

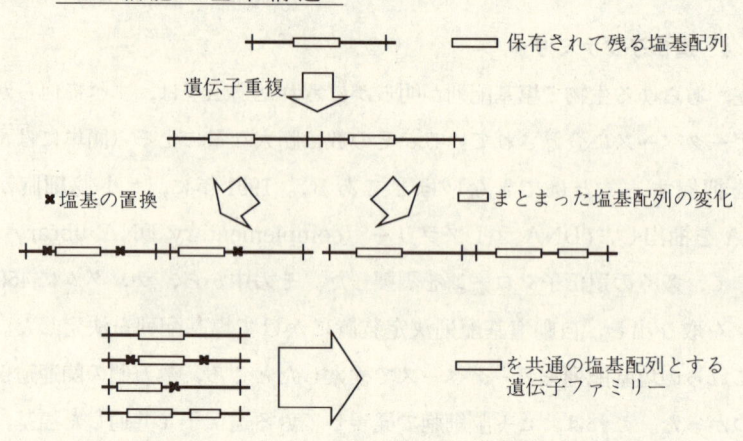

図4.9 遺伝子ファミリー。遺伝子ファミリーが形成される過程の一例。保存されて残る一まとまりの塩基配列をもとにして相同性の高さが計算され，相同性の高いものをまとめてファミリーとする。

4.5.5 生物界の分類

ゲノムの全塩基配列が明らかになったことにより，よりはっきりと確かめられたことがある。真正細菌と古細菌の分類の問題である。もともと真正細菌と古細菌は rRNA の塩基配列の比較研究によって新たに分類されたのであった。では，両分類群に属する細胞のゲノムの特徴は，rRNA による分類と一致するのであろうか。答えはイエスである。これまでに全ゲノムが解明されたどの細胞も，rRNA による分類方式とよく一致することが確認されている。

一方，古細菌は真正細菌と真核細胞とでどちらに似ているのか，という問題では，古細菌のゲノム構造は真正細菌の方に非常によく似ており，真核細胞とは似ていなかった。このことがなぜ重要な問題であるかというと，それは，真核細胞の成立に関する「細胞内共生説」と一致しない点があるからである。

4.5.6 真核細胞の成立に関する謎

古細菌が真正細菌から分かれて，新しい分類群と認められてから，真核細胞の成立に関して新しい仮説が提案された。古細菌が使っている転写や翻訳の過程で働く分子の多くは真核細胞のものとよく似ているということが明らかにさ

れた．さらに，有機物を消化して H_2 と CO_2 を排出する真正細菌と，これらの排出物を利用してメタンを生産する古細菌の共生関係が生化学的に解析されて，「細胞内共生説」は次のような新しい装いに変わった．「真核細胞の祖先は，古細菌に真正細菌が共生することによってできたキメリック細胞である（図 4.10）」．

細胞内共生説：真核細胞の成立過程

古細菌の一種
真正細菌の一種
嫌気的環境
好気的環境

細胞内への取込み

ミトコンドリア
核
細胞内共生の成立

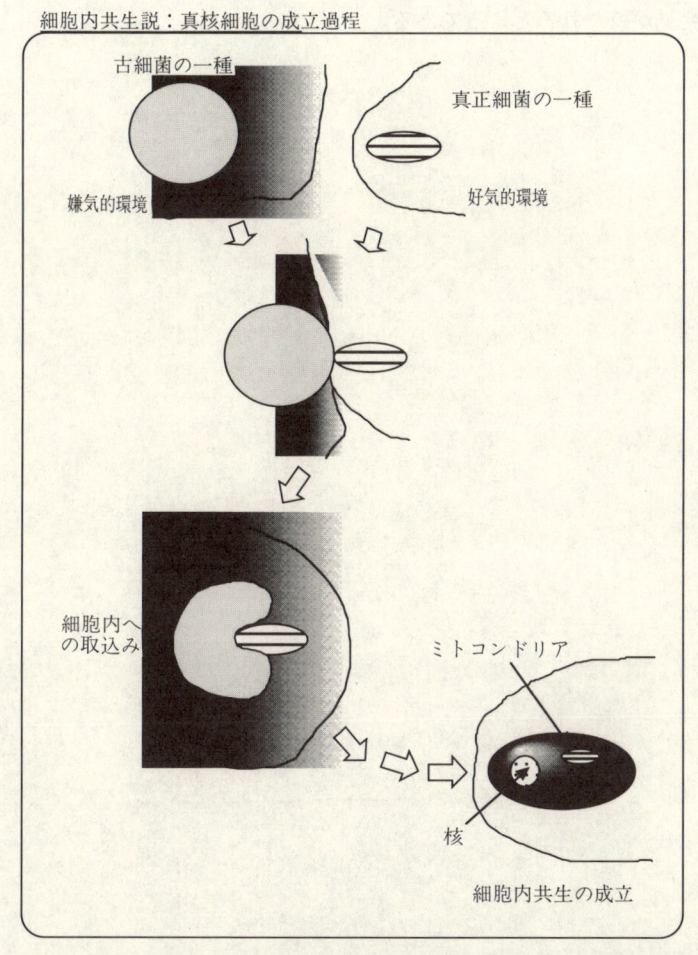

図 4.10　ミトコンドリアの起源を説明する細胞内共生説．真核細胞のミトコンドリアは好気的環境に生息する真正細菌の一種が，嫌気的環境に生息する古細菌の一種と共生関係を結び，やがて細胞内共生が起こってミトコンドリアの祖先型になったとする考え方．

ところが，現存する古細菌と真正細菌のゲノム構造を見ると，真核細胞につながる具体的な情報は何も見つかってはいない現状である。多くの分子生物学者は，「真核細胞は古細菌と真正細菌が共生した細胞から始まった」と考えているが，真核細胞の成立を説明するのに十分な根拠はゲノムの構造からはまだ得られていない。今後，真核細胞の起源になりうる特徴を持った古細菌や真正細菌の発見が待たれるところである。

III編　生命を理解する方法としての細胞工学

5　顕 微 操 作 法

───── 学習の目標 ─────

1. 顕微操作法について理解する。
2. 相補性に基づく解析法について理解する。
3. 細胞機能の多様性と共通性について理解する。
4. 研究活動の歴史性について理解する。

5.1 顕微操作法の特徴

顕微操作法（micromanipulation）の一つマイクロインジェクション（microinjection，顕微注射法）は生きた細胞に直接物質を注入する実験手法である。一般に，細胞の大きさは μm のレベルなので，マイクロインジェクションは顕微鏡の下で μm のオーダーの細いガラス針（glass capillary needle）を使って行われる。これまで細胞に注射された物質は各種のイオンから共生クロレラ（symbiotic *Chlorella*）まで，サイズにおいても化合物の種類においても大変多岐にわたっている（図5.1）。

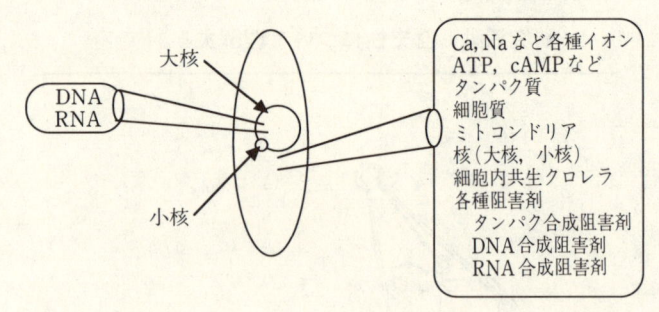

図5.1 ゾウリムシにおけるマイクロインジェクション。ゾウリムシの大きさは約 40×180 μm で，体積は約 400 p*l* である。一度に注射できる量は，最大 50 p*l* 程度である。

マイクロインジェクションの特徴は，注射した物質の効果を生きた細胞からのシグナルとして直接的にとらえることができる点にある。例えば，細胞が老化（aging, senescence）してある重要な機能を失ったとする。そこで，この細胞に若い細胞の細胞成分を注射する実験を行ったところ，失われた細胞機能が回復したとする。このような実験から，老化による細胞機能の喪失の原因や原因となっている物質を調べることができる（図5.2）。

マイクロインジェクションによって解明された生命現象の代表的な例は，アフリカツメガエル（*Xenopus*）の未受精卵（unfertilized egg）を用いて行われた核移植実験（nuclear transplantation experiment）である。この実験の目的は，「多細胞動物で細胞が分化し，細胞機能が特殊化するとき，核の潜在

5.2 マイクロインジェクションによる細胞機能の解析

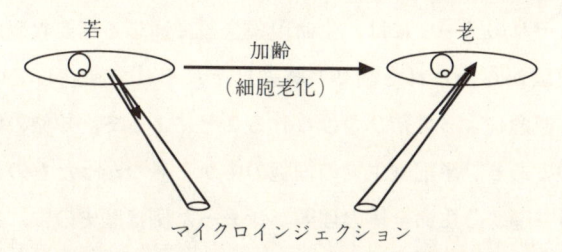

図 5.2 マイクロインジェクションによる細胞機能の解析。ゾウリムシは細胞分裂を繰り返すと，性的な機能や子孫の生存率など多くの細胞機能に老化現象が現れる。若い細胞の細胞質を老化した細胞に注射すると，老化した細胞の性的な機能が回復する。これによって細胞老化の原因となっている細胞質因子を調べることができる。

能力も変化するのか，それとも不変なのか」という問題を解決することにあった。そこで，核を紫外線であらかじめ不活性化 (inactivated) しておいた未受精卵に分化した細胞 (differentiated cell) の核を注射し，発生が正常に進行するかどうか調べられた。その結果，注射された卵は正常に発生を行い，オタマジャクシ (tadpole) まで成長した。こうして，分化した細胞の核にはすべての細胞を作るのに必要な遺伝情報が保存されている，ということが明らかになった。これによって「細胞分化における核の全能性の保存」という発生学の大前提が築かれたのである。もし，マイクロインジェクションを用いることができなかったなら，この問題が解決されるまでにはまだまだ長い年月を要したであろう。

5.2 マイクロインジェクションによる細胞機能の解析

　この章では，マイクロインジェクションによって解明された数々の細胞機能について述べる。全体は五つのテーマによって構成されているが，それぞれのテーマでは，実験が計画されるに至った歴史的背景，実験のねらい，論理構成，結果とその解釈，新たに生まれた問題と将来の展望，などについて，実際に行われた状況をできるだけ再現するように努めた。

また，それぞれのテーマには，生命現象全般に通じる重要な概念がたくさん登場する。実験から得られた個々の結論はそれぞれで独立しているのではなく，共通する概念によって結びつけられることによって，知識の体系に組み込まれていくのである。単細胞生物の細胞の中から見つかったものによって，多細胞生物にも共通する生命全体の理解が深まった例は歴史の中に数多く輝いている。ここでは重要な概念を選んで，個々の実験結果から得られた知見が生命現象全体の中に正しく位置づけられるように構成した。

マイクロインジェクションの原理と方法

マイクロインジェクションは顕微鏡に注射装置を取り付け，顕微鏡で見ながら細胞に注射をする方法である（図5.3）。マイクロインジェクションが実験に使われるようになったのは「直接細胞の中に物質を注入したら細胞はどうなるだろうか」，という極めて素朴な疑問からであった。その後，注射に使う針の作成法が進歩すると，注射できる物質の種類も多くなった。現在，ゾウリムシには，カルシウムなど細胞内で重要な働きをしているイオンからタンパク質，DNA，RNA，細胞質，ミトコンドリア，核，そして細胞内共生をするクロレラまで注射することができる。発生工学では，発生の初期段階にある胚（embryo）に別の種類の細胞を注入する方法が確立されている。

マイクロインジェクションの第一の特徴は，生きている細胞から別の生きている細胞に瞬間的に物質を注入することによって，「生きている状態」をほとんど損なうことなく注射した物質の作用を調べることができるという点にある。第二の特徴は，定量性にある。注射する量を調節することによって，注射の効果を定量的に評価することができる（図5.4）。また，第三の特徴として，性質の異なる細胞の間でマイクロインジェクションを行うことによって，なぜ性質が異なるのかという原因を探ることができる。ゾウリムシでは，若い細胞と老化した細胞，突然変異体と野生型の細胞，種の異なる細胞同士などの組合せでマイクロインジェクションが行われ，未知の細胞質因子（unknown cytoplasmic factor）が数多く発見されている。

5.2 マイクロインジェクションによる細胞機能の解析

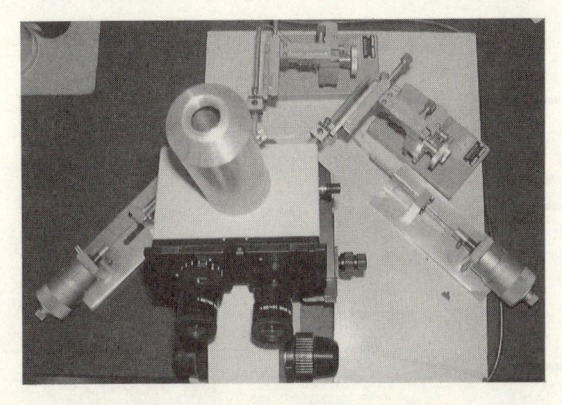

(a) 真上から見た写真。注射は100〜200倍の倍率のもとで行う。ゾウリムシを逆さにした水滴の中に入れた状態で，下から針を刺して注入する。針は2本セットしてあり，写真上真上からきているのが注射用の針で，右上から斜めにきているのが水滴の液量を調節する針である。

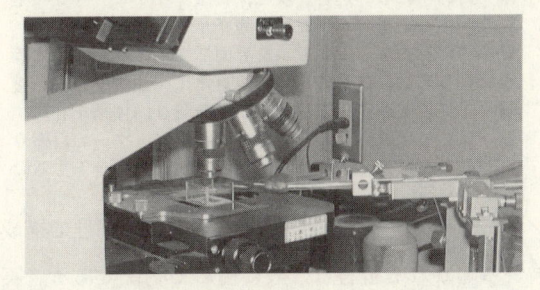

(b) 右手横方向から見た写真。スライドグラスで高さ約1cmの囲いを作り，その上にゾウリムシの水滴を乗せたカバーグラスを置く。カバーグラスは水滴が下になるようにひっくり返して置く。

(c) 左手真横から見た写真。注射用の針が左手から接眼レンズの下まで伸びている。注射用針の先端は直径3〜10 μm の穴になるように細工を施す。水滴液量調節用針の先端は直径約7 μm くらいが最適である。

図5.3 マイクロインジェクションの装置

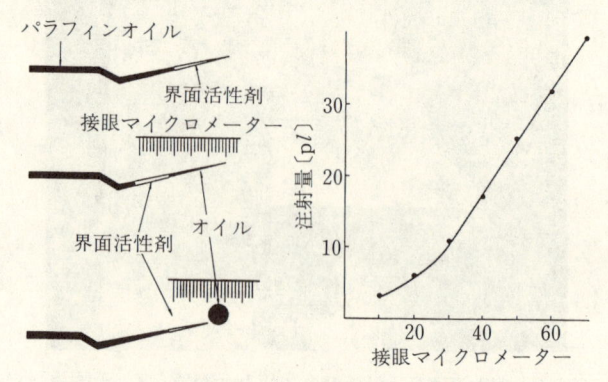

図 5.4 注射量の定量方法。注射筒と注射針を数十 cm のビニルチューブでつなぎ，中にはパラフィンオイルを充填しておく。まず，注射筒を動かして，少量の界面活性剤を針の中に吸い込む。次に，接眼マイクロメーターで見ながら一定量のパラフィンオイルを吸い込む。次に，針の中のパラフィンオイルを界面活性剤の水滴の中に静かに押し出し，球状のパラフィンオイル油滴を作る。接眼マイクロメーターで油滴の直径を測り，体積を計算する。はじめに吸い込んだ接眼マイクロメーターの目盛りに対してパラフィンオイル油滴の体積をプロットする。

　マイクロインジェクションを用いた実験は，単純な論理で構成されたものが多いので，実験から導かれる解答は一般に極めて明快である。実験とは本来，わかりやすい明瞭な論理の組合せで成り立っているものである。マイクロインジェクションによって，複雑な生命現象がどこまで理解できるのか，この章ではこのことについて様々な角度から検証してみよう。

5.3　イマチュリン：性的能力の若返り因子

5.3.1　存在の証明：若返りの細胞質因子

　実験を行う目的の一つに，「存在の証明」がある。細胞 A が変化して，細胞 B になったとしよう。このような場合にはまず，A から B への変化の原因となる物質 C が存在するか否か，ということが問題になる。どうやって C の存在を証明するか。マイクロインジェクションを使った実験によって，細胞質の

5.3 イマチュリン：性的能力の若返り因子

中にその存在が証明された物質がある。性の若返りをもたらすタンパク質で，イマチュリン（Immaturin，未熟物質）と呼ばれる。

ゾウリムシは生活史の中で，性的な能力（sexual activity）が大きく変化する（図5.5）。接合して，新しい世代になるとしばらくの間は性的な能力が発現しない。未熟期（immaturity）である。約50回分裂すると性的な能力が発現する（図5.6）。この時期を成熟期（maturity）と呼ぶ。分裂を続けて500〜600回に達すると，性的な能力は低下し，不安定になる。老衰期（senility）である。1個の細胞から始まり，細胞分裂によって生じた細胞の集団をクローン（clone）と呼ぶ。ゾウリムシの性的な能力の変化はクローナルエイジング（clonal aging）と呼ばれ，細胞学的にはっきりと定義された現象である。

さて，未熟期の細胞が成熟するまでの約50回分裂の間に，細胞の中ではどのような変化が起きているのであろうか。可能性として，三つのケースが考え

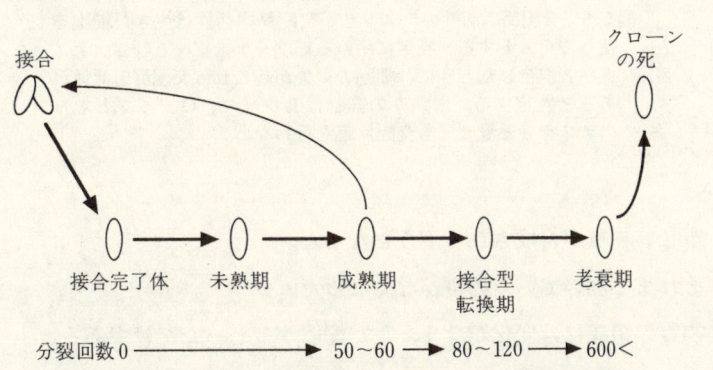

図5.5 ゾウリムシの生活史の概略。接合では，二つの細胞が互いに配偶核を相手と交換し，自分の配偶核と核融合を行って，新しい遺伝子組成を持った融合核を作る。この核から小核と大核を作り，細胞分裂を行って大核1個と小核1個からなる接合完了体を形成する。接合活性が発現していない時期を未熟期と呼ぶ。成熟期では接合活性が安定して高いレベルで発現する。接合型転換期ではEタイプの細胞が自律的にOタイプの細胞に変わり，同じクローン内で接合が起こる。老衰期では接合活性は著しく低下する。600回を過ぎると，細胞は分裂能力を失い，クローンを構成するすべての細胞が分裂できなくなったときクローンは死滅する。

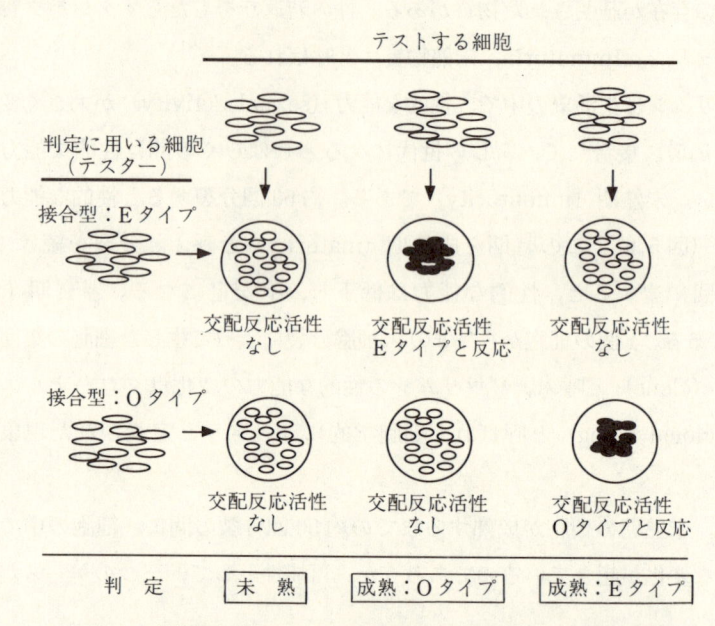

図 5.6 交配反応活性のテスト法。交配反応活性は生きた細胞を使ってテストする。判定に用いる細胞をテスターと呼ぶ。テスターと混合したときに，細胞の凝集が起これば交配反応活性があると判定する。未熟期の細胞はEタイプ，Oタイプどちらのテスターと混ぜても交配反応を行わない。

られる。

① 新しい物質が合成されるようになった。

② それまで働いていた物質がなくなった。

③ 物質の組成には変化がなく，ただ配置が変わっただけである。

これらの可能性をテストするために，マイクロインジェクションが行われた（図 5.7）。

まず，成熟した細胞に新しい物質が出現したかどうかを調べるために，成熟期の細胞の細胞質を未熟期の細胞に注射する実験が行われた。注射された未熟期の細胞に性的な能力が現れるようになったかどうか，注意深く調べられたがそのような変化は検出されなかった。

そこで次に，第二の可能性が検討された。今度は，はじめの実験とは逆向き

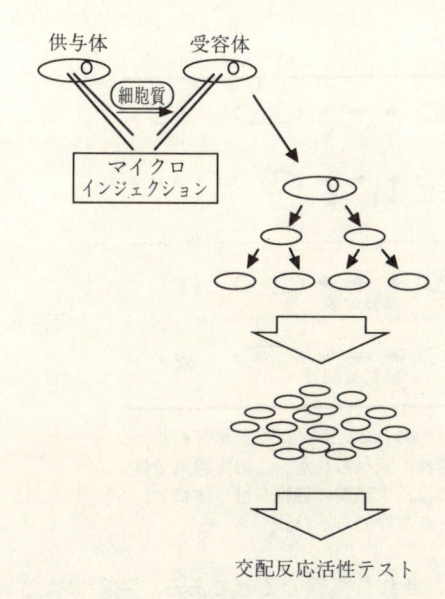

5.3 イマチュリン：性的能力の若返り因子

図 5.7 性成熟の機構を調べる方法。未熟期と成熟期の細胞を用意して，細胞質の注射を行う。受容体が注射後約 4 回分裂したところで個々の細胞の交配反応活性をテストする。交配反応活性を持つ細胞の割合が対照群と比較して統計的に有意の差があったときに，供与体の細胞質の影響があったと判定する。

の注射，すなわち成熟期の細胞に未熟期の細胞質を注射する実験が行われた。注射された成熟期の細胞の性的な能力は変化するかどうか，細心の注意の下にテストが行われた。その結果，注射された細胞の性的な能力はある細胞では完全に消失し，また別の細胞では著しく低下することが明らかになった。成熟細胞の性的能力が著しく減退し，未熟期の状態になったので，この現象は「未熟効果」と呼ばれた（図 5.8）。

マイクロインジェクションによる未熟効果は，「それまで在ったものが，ある操作によって消失した」という形の実験結果であった。このような形式の効果は負の効果（negative effect）と呼ばれる。この種の実験の解釈は大変難しく，様々な角度から検討しなければならない。注射した細胞質の効果のほかに，様々な可能性が考えられるからである。注射によるショックやダメージも原因の一つに挙げられる。未熟効果が注射した細胞質の働きによるものであるのかどうかを確かめるためにはどうしたらよいのであろうか。

生物学ではこのような問題を解決するために，対照実験（control experiment）を組み立てる。対照実験とは，調べようとする条件だけが異なり，他

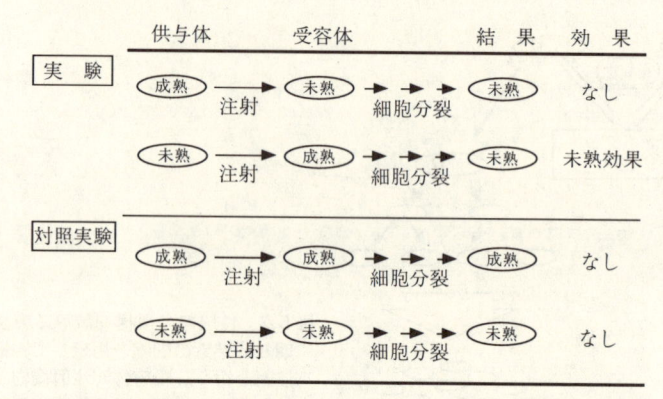

	供与体	受容体	結果	効果
実　験	成熟 →注射	未熟 →→→細胞分裂	未熟	なし
	未熟 →注射	成熟 →→→細胞分裂	未熟	未熟効果
対照実験	成熟 →注射	成熟 →→→細胞分裂	成熟	なし
	未熟 →注射	未熟 →→→細胞分裂	未熟	なし

図 5.8　未熟効果。4 種類のマイクロインジェクションが行われ，それぞれの受容体の交配反応活性が調べられた。この実験系で供与体の細胞質の効果が現れたのは，未熟期の細胞を供与体にし，成熟期の細胞を受容体にしたときだけであった。

の条件は全く同じになるようにデザインされた実験のことである。注射によるダメージや，そのほか未知の作用による影響の可能性を除くために，次のような 2 種類の対照実験が行われた。一つは，成熟期の細胞に未熟期の細胞質を注射するとき，いつも同じ数だけ別の成熟細胞に，成熟期の細胞質を注射する。もう一つの対照群は，注射をしない成熟細胞を同じ数だけ用意する。そして，実験群（未熟を成熟に）と対照群 1（成熟を成熟に），対照群 2（注射をしない細胞群）の細胞を同じ条件の下で培養し，同じ操作でテストする。

　このようにして，三つの実験群で性的な能力が比較された。成熟の細胞質を注射した対照群 1 は，注射をしなかった対照群 2 の細胞と同じ程度に高い接合活性（mating reactivity）を維持していたが，実験群の細胞では著しく低下した（図 5.8）。こうして未熟期の細胞質を注射した場合に限って，注射された細胞の性的な能力が低下することが確かめられた。マイクロインジェクションによって明らかになった結論は次のようになる。「未熟期の細胞質を成熟期の細胞に注射すると，成熟期の細胞の性的な能力は低下する。したがって，未熟期の細胞質には，性的な能力の発現を抑制する物質が存在している可能性がある」。

未熟効果は1975年に報告されたが，それまで，マイクロインジェクションによって細胞の機能が劇的に変化するという実験例は全く報告されていなかった。「未熟効果」は細胞の性的機能の若返りとして，クローナルエイジングの問題に新しい光を投げかけることになった。

5.3.2 若返りの実体の解明：イマチュリンの発見

1975年から1981年までの5年間は，未熟効果をもたらす細胞質因子の探求が行われた（図5.9）。細胞質因子の抽出（extraction）と精製（purification）の過程でも，マイクロインジェクションが実験の中枢をなしていた。細胞質から有効成分を抽出するため若い未熟期の細胞が大量に培養され，細胞分画法（cellular fractionation）に基づいて，細胞構成成分は可溶性（soluble）と不溶性（insoluble）の分画に分けられた。それぞれの分画のマイクロインジェクションの結果，未熟効果をもたらす物質は可溶性分画に含まれることがわかった。

そこで次に，有効成分の基本的な性質が調べられた。まずはじめに検討されたのは，有効成分の分子の大きさであった。様々な物質を，大きさに基づいて分ける膜状のフィルター（membrane filter）がある。このフィルターを使って分子を分別し，それぞれの分画をマイクロインジェクションでテストしたところ，分子量（molecular weight）約1万～3万ダルトンの分画に未熟効果があることがわかった。これくらいの大きさの分子といえば，細胞の中ではタンパク質かRNAが第一の候補になる。

そこで，次に有効成分にタンパク質やRNAが含まれているかどうかを調べるために，一連の生化学的な実験が行われた。まず，熱に対する安定性が調べられた。可溶性分画の未熟効果の活性は100度で5分間熱処理したところ完全に失われた。また，タンパク分解酵素を使った消化実験でも未熟効果をもたらす活性は完全に失活した。一方，RNA分解酵素での消化実験では活性は保たれていた。このような一連の実験結果は，未熟効果をもたらす物質はタンパク質を主成分とし，RNAは含まれていないことを示している。

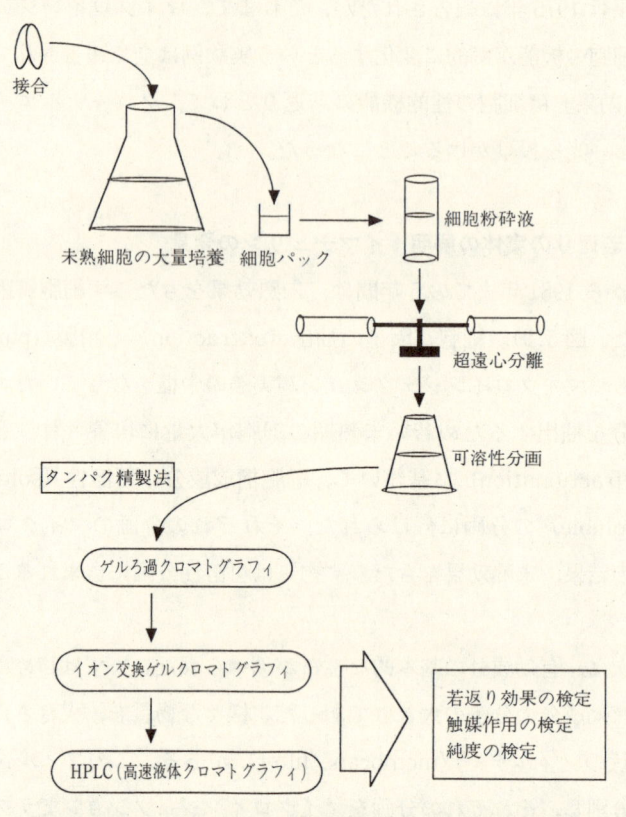

図 5.9 未熟効果をもたらす細胞質因子の精製。細胞質因子の抽出には接合後約 20 分裂の未熟細胞が用いられた。可溶性分画は 105 000 g で 1 時間遠心分離を行い，上清を 0.45 μm のフィルターを通して不溶性の成分を完全に除去することによって調製した。

そこで，有効成分の精製はタンパク質を分離するいくつかの方法を組み合わせて行われた。通常タンパク質を精製する方法としては，分子量に基づいて可溶性分子を分離するゲルクロマトグラフィ (gel chromatography, 分子篩法) と分子の表面電荷の強さに基づいて分離するイオン交換クロマトグラフィ (ion-exchange chromatography) がある。これら二つの方法を組み合わせて 40 以上の分画を調製し，それぞれの分画をマイクロインジェクションでテストした結果，未熟効果をもたらす有効成分は分子量約 1 万ダルトンの分画に含

5.3 イマチュリン：性的能力の若返り因子

まれることが判明した．さらに，この分子は，細胞質の全タンパク質の 0.1 ％以下と極めて微量しか含まれていないことがわかった．この有効成分には，未熟効果をもたらす分子という意味で，イマチュリンという名前がつけられた．

マイクロインジェクションによって，ゾウリムシの未熟期の細胞には性的能力の発現を抑制する物質，イマチュリンが存在することが証明された．イマチュリンの発見は，「どのようにしてゾウリムシは性の成熟過程を調節しているのか」という問題を遺伝子や分子のレベルで解明する道を開いたことになる．また一般的な問題では，イマチュリンは広く動物細胞に備わっていると予想される能力，すなわち分裂回数によって，関連する遺伝子群の発現を調節している仕組みを調べるのに非常に適した実験システムを提供している．

5.3.3　若返りの概念の拡張：老化した細胞機能の若返り

1982 年になると，イマチュリン分子にもう一つの新しい機能が付け加わることになった．イマチュリンによる若返り効果は，注射する成熟細胞の分裂齢によって異なるのだろうか，という疑問があった．そこで，成熟して分裂回数があまり進んでいない比較的若い成熟細胞と，それより 100 回くらい多く分裂した細胞とでイマチュリンの効果を比較する実験が行われた．このとき，老衰期の細胞も実験系に組み入れて，幅広くテストすることになり，対照実験もそれぞれに対応するように注意深くデザインされて組み立てられた．マイクロインジェクションの結果は，予想を超えた驚くべきものであった．

イマチュリンを含む分画を注射された細胞はすべて，万全の態勢で培養され，それぞれの実験群の性的な活性がテストされた．このときのテストは，性的活性を定量的に測定する方法としては最も感度が高くて，信頼の置けるものであった．注射された二組の成熟細胞群では，性的活性は同じ程度に消失・低下し，統計的な検定では，若返りの効果に違いがあるとはいえないという結果となった．

ところが，老衰期の細胞では，イマチュリンを注射した実験群の性的活性は対照群よりも著しく高い値を示した．実験はイマチュリン試料を調製し直し

て，再度繰り返され，再現性があるかどうかテストされた。結果は同様で，若返り効果が確認された。これによって，イマチュリンは老衰期の細胞には性的活性を高める作用をすることが判明した。この効果は，未熟効果と区別するために，さしあたり「回春効果」と呼ばれていたが，やがてそのまま定着してしまった。

さて，イマチュリンのマイクロインジェクションは老衰期の細胞の性的活性を高めることがわかった。では，そのほかの老化現象を示す細胞機能についてはどうであろうか。この疑問に答えるために，新しい実験系が組まれた。老衰期のゾウリムシでは，老化現象の特徴として様々な細胞機能に変化が見られる（図 5.10）。細胞の外部から見て容易に判断できる主な老化形質は次の四つである。

① 性的活性の低下
② 細胞分裂速度の低下
③ 接合によって生まれた子孫の生存率の低下
④ 形態異常を示す細胞の割合の増加

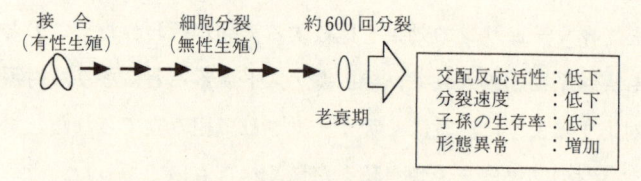

図 5.10 老化現象に見られる細胞機能の変化。ゾウリムシは細胞分裂による無性生殖だけを続けると，接合してから約 600 回分裂までの間に様々な細胞の機能が変化する。

果たして，イマチュリンは②から④までの細胞機能に対しても有効なのであろうか。

このテストには，接合して以来継続的に分裂回数が記録された履歴のはっきりした細胞が使われた。注射に使う受容体には約 600 回分裂を経過して，上記の形質で老化現象がはっきりと現れ，成熟細胞とは区別のつく系統が選ばれた。精製したイマチュリンのマイクロインジェクションの結果は，分裂速度，

5.3 イマチュリン：性的能力の若返り因子

子孫の生存率，形態異常の割合，いずれも対照実験群と比較して統計的に有意の差はなかった．つまり，これらの細胞機能に関しては，若返りの効果は認められなかった．

若い細胞から抽出した細胞成分の注射によって老化した細胞機能が回復した例は，ゾウリムシのこの実験系が最初である．イマチュリンによる若返り効果によって明らかになった細胞工学的に最も重要な結論は，「老化した細胞機能の中には細胞内の可逆的な変化によって起こるものもあり，そのような場合には適切な細胞質因子を補うことによって老化した機能を回復させることができる」という認識である（図 5.11）．ゾウリムシで行われた一連の若返りの実験は，ヒトの老化の問題でも，細胞工学的なアプローチが有効である可能性を示している．

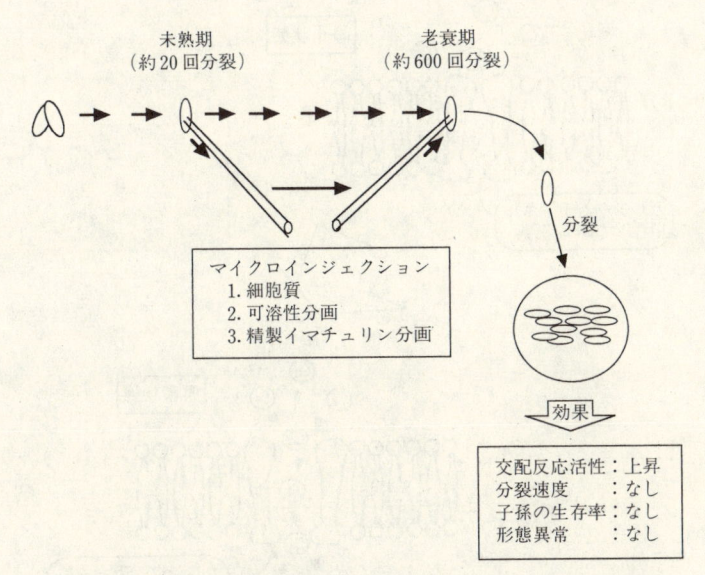

図 5.11 細胞機能の若返り効果．老衰期の細胞に未熟期の細胞成分を注射した結果，交配反応活性が回復した．他の機能には回復効果は見られなかった．

5.4 興奮性を制御する遺伝子：突然変異体の相補性テスト

5.4.1 興奮性を失った突然変異体での相補性テスト

神経細胞（nerve cell）における興奮（excitation）のメカニズムは，運動，行動，記憶，学習，情報処理，認知，心，精神と連なり，動物界全体に果てしなく広がっている．細胞は電気生理学的視点からは，二つのグループに分けられる．興奮性の細胞と，非興奮性の細胞である．神経細胞，筋細胞，各種の感覚細胞は前者の例である．後者の典型的な例としては血球細胞がある．興奮性の細胞と非興奮性の細胞の基本的な違いは，細胞膜の性質にある．細胞膜には電気的な変化（膜電位変化）に応じてイオンの膜透過性を調節している一連のタンパク質がある．これらのタンパク質が発現している細胞が興奮性を示し，

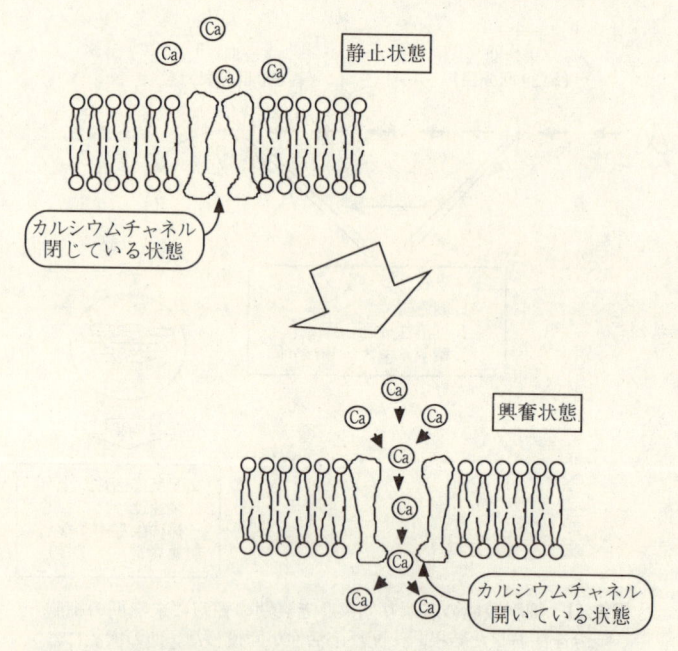

図5.12 興奮性の細胞膜の構造．興奮性の細胞膜には膜電位の変化に応じて開閉する各種のイオンチャネルが存在する．ここには，ゾウリムシの細胞膜で最も重要な役割を果たしているカルシウムチャネル分子とカルシウムイオンの膜透過の様子を模式的に示す．脂質二重膜の上部が細胞外部，下部が細胞内部に相当する．

5.4 興奮性を制御する遺伝子：突然変異体の相補性テスト

発現していない細胞は非興奮性を示す（**図5.12**）。これらの膜タンパク質は膜電位依存性イオンチャネル（voltage-dependent ion channels）と呼ばれ，ナトリウムイオン，カリウムイオン，カルシウムイオン，塩素イオンなどに対応して各イオンチャネルは分業していると考えられている（**図5.13**）。

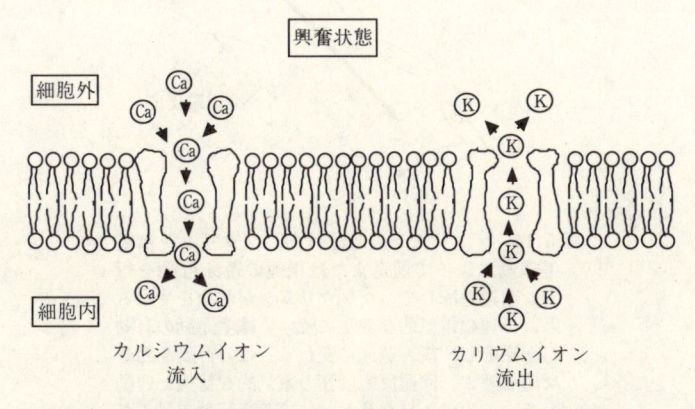

図5.13 興奮状態におけるイオン透過性。ゾウリムシは各種の刺激を受けると，細胞膜が脱分極し，膜電位感受性のイオンチャネルが開閉する。興奮状態では，カルシウムチャネルが早く開いてカルシウムイオンが細胞内に流入する。やがて，遅れて開いたカリウムチャネルを通してカリウムイオンが細胞の外に流出し，膜電位は元の静止状態に戻ると考えられている。

ゾウリムシは神経細胞としての特徴を備えているという点で，電気生理学の研究材料として非常に優れた細胞で，この分野での研究の歴史は100年を超える。環境の変化に対して，多彩な遊泳行動で敏感に反応し，また適応する。ゾウリムシの特徴の一つは，膜電位（membrane potential）の変化が繊毛運動と連動（coupling）しているために，細胞の泳ぎ方を見るだけで膜の興奮状態を知ることができる，という点にある（**図5.14**）。この特徴に注目した電気生理学者は，ゾウリムシの行動に異常を来した突然変異体を使って，細胞膜の興奮の仕組みを解明しようと考えた（**図5.15**）。突然変異を利用して一連の生理作用の連絡を遮断することによって因果関係を明らかにする実験手法は遺伝的解剖（genetic dissection）と呼ばれる。

5. 顕微操作法

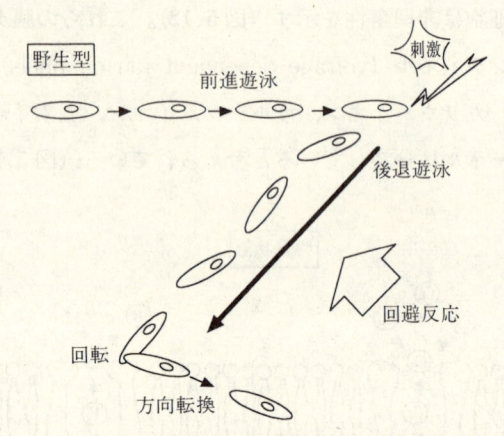

図5.14 ゾウリムシの遊泳行動。ゾウリムシは繊毛運動によって前進または後退の遊泳行動を行う。前進遊泳していたゾウリムシが刺激を受けると，一連の電気的な変化に続いて繊毛運動の有効打が逆転し，後方遊泳に変わる。この行動を回避反応と呼ぶ。回避反応は膜の電気的な状態と連動しているので，ゾウリムシには遊泳行動を見るだけで膜の興奮性がわかるという利点がある。

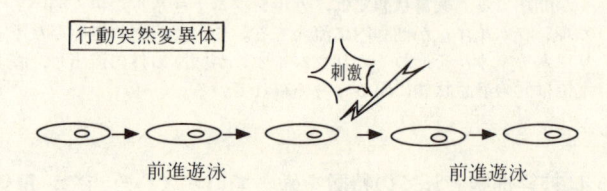

図5.15 行動突然変異体の遊泳行動。刺激を受けても後方に泳ぐことができない行動突然変異体が人為的にたくさん作られた。これらの突然変異体の繊毛の運動機能は正常であることが細胞生理学的な実験から確かめられている。突然変異遺伝子の影響は細胞膜のイオン透過性に現れていることから，これらの突然変異体は膜の興奮性の分子機構を調べる上で格好の研究材料となっている。

　ゾウリムシは人為的にかけ合せ実験を行うことができるので，人工的に突然変異体を誘導することができる。1970年代になってゾウリムシの特徴を最大限に生かして，たくさんの行動突然変異体（behavioral mutant）が作られた。細胞膜が正常な興奮性を示すためにはどんな種類のイオンチャネルが必要か，

5.4 興奮性を制御する遺伝子：突然変異体の相補性テスト

またそれぞれのイオンチャネルが正常に機能するために，何種類の遺伝子が働いているのか，これらの疑問を解決するために，突然変異体の細胞膜の電気的な特性が詳細に調べられ，各種イオンチャネルの機能が分類された。

ここで，マイクロインジェクションが遺伝学と電気生理学と細胞行動学とをつなぐ非常に重要な役割を果たした実験系を取り上げる。ゾウリムシの細胞膜では，活動電位（action potential）は Ca^{2+} が細胞内に瞬間的に流入することによって生成する。したがって，細胞膜の興奮性はカルシウムチャネルの働きによって決まる（**図 5.16**）。多くの行動突然変異体がかけ合せ実験によって分類され，相補性グループに分けられた。その中で，特に重要なものにポーン（pawn, チェスの駒で後ろに下がれないもの）と呼ばれるグループがあった。

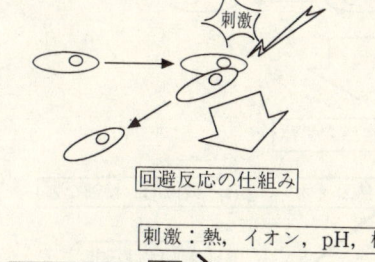

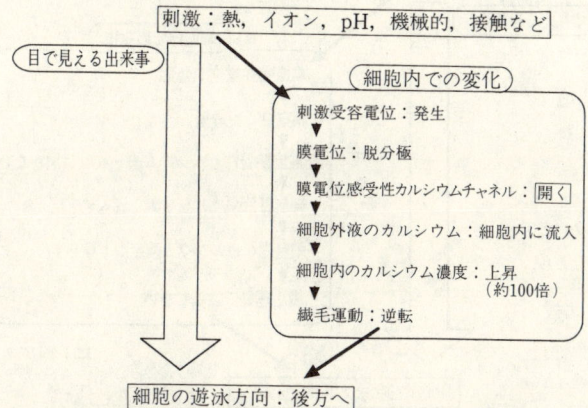

図 5.16 回避反応の仕組み。ゾウリムシにガラス電極を刺して膜電位の変化を測定し，各種イオンの出入りを定量的に測定することによって，回避反応の際の細胞内での出来事が明らかにされた。

5. 顕微操作法

ポーンはある遺伝子座に劣性の突然変異が生じた細胞で，行動学的には刺激を受けても繊毛運動が逆転しないために，後ろ向きに泳げない突然変異体である（図5.17）。繊毛運動の逆転には，カルシウムイオンが必要であることが細胞生理学的実験から証明されていた。ポーンの繊毛を調べたところ，カルシウムイオンの濃度が上昇すれば繊毛は逆転反応（reversal response）を示すことから，運動機能は正常であることが確かめられた。一方，電気生理学的な解析により，膜電位依存性のカルシウムチャネルの機能が失われていることがわかった。こうして，ポーンは膜電位依存性カルシウムチャネルの働きに欠損が生じた突然変異体であることが明らかになった。

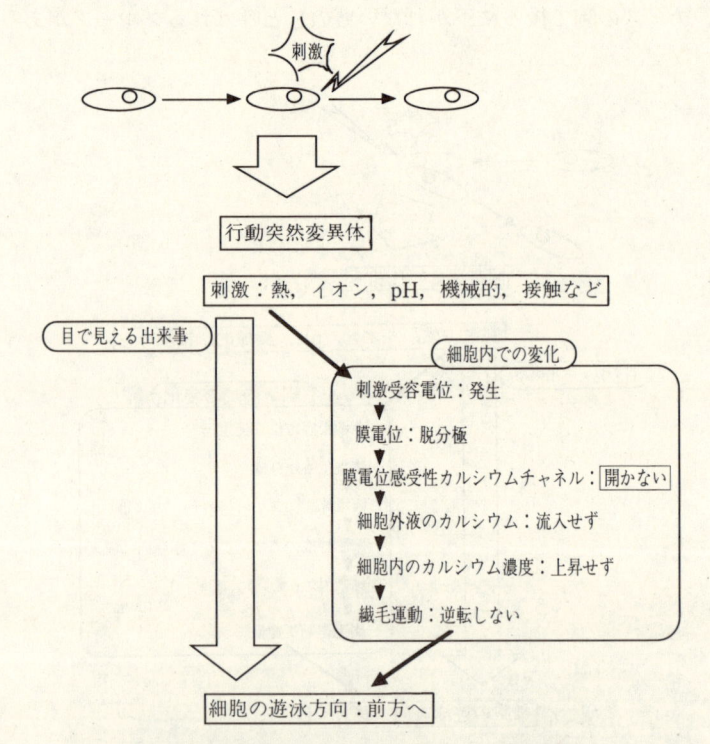

図5.17 行動突然変異体の遺伝的欠損。行動突然変異体の一種ポーンは刺激を受けても回避反応を行うことができない。ガラス電極を用いた一連のイオン透過性に関する実験から，この突然変異体は膜電位依存性カルシウムチャネルが刺激を受けても開かないことが明らかになった。

5.4 興奮性を制御する遺伝子：突然変異体の相補性テスト

このように，遺伝的解剖とは，一連の複雑な連鎖反応系において，ある特定の遺伝子の働きを抑制することによって，各出来事の順序や因果関係を明らかにする実験手法である。ポーンの例で見ると，①刺激の受容，②膜電位の変化，③カルシウムチャネルの活性化，④カルシウムイオンの細胞内への流入，⑤アクションポテンシャルの生成，⑥細胞内カルシウム濃度の上昇，⑦繊毛運動の逆転，⑧細胞の後方遊泳，という一連の出来事の中で，原因となる遺伝子はカルシウムチャネルの活性化に関係していたのである。

たくさん作られたポーンは，かけ合せ実験によってA，B，Cの三つのグループのどれかに属することがわかった。このようなかけ合せ実験を相補性テスト（complementation test）と呼び，相補性テストによって分類されたグループを相補性グループ（complementary group）と呼ぶ。相補性グループは突然変異が同じ遺伝子座に生じたものか，違う遺伝子座に生じたものかを示している。ポーンが属するヨツヒメゾウリムシでは，カルシウムチャネルの活性化には少なくとも3種類の遺伝子が関係していることを示している。この相補性テストをマイクロインジェクションでできないだろうか，というのが問題であった。

かけ合せによる相補性テストでは，問題となる二つの突然変異遺伝子を一つの細胞の中に置き，細胞の機能が野生型に回復するかどうかを調べる。もし，回復すれば二つの突然変異遺伝子は別々の遺伝子座に生じたものであることがわかる。この場合には二つの突然変異体は別々のグループに分けられる。回復しなければ，二つは同じ遺伝子座に生じたことになり，同じ相補性グループに分類される。この相補性テストで実際に調べられているのは遺伝子ではなく遺伝子産物（gene product）の方である。細胞機能は直接的には遺伝子の存在によってではなく，遺伝子産物の働きによって規定されているからである。このように考えると，相補性テストは遺伝子産物だけで十分なはずである。そこで細胞質のマイクロインジェクションによる相補性テストが行われた。

まず，野生型の細胞質がテストされた。野生型の細胞から細胞質を抜き取り，素早くポーンに注射して，細胞の遊泳行動を観察した（図5.18）。注射さ

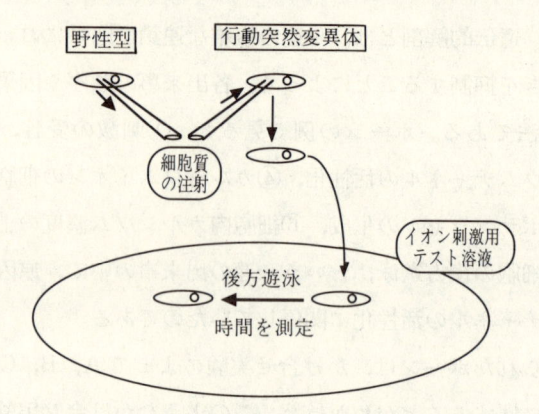

図 5.18 マイクロインジェクションによる行動突然変異体の回復実験。野生型の細胞質を行動突然変異体に注射し，生理食塩水中に戻しておくと，回避反応を行う能力は時間とともに徐々に回復する。注射量は受容体細胞の体積の約 10%。

れたポーンは A，B，C いずれも徐々に興奮性が回復してきて，注射してから 7〜8 時間後には野生型のレベルまで回復するものも見られた。この実験で，三つの遺伝子産物はいずれも細胞質の中に含まれており，細胞質の約 10% の体積を注射するだけで細胞は興奮性を回復することが確認された。そこで，次にポーン同士でのマイクロインジェクションが行われた。

ポーン同士のマイクロインジェクションでは，同じ相補性グループに属する細胞の組合せを対照実験にして，A，B，C 間の可能な組合せが全部テストされた。結果は，どの組合せでも注射された細胞は野生型の形質に回復した（図 5.19）。一方，対照実験群の細胞はすべてポーンのままであった。この一連の

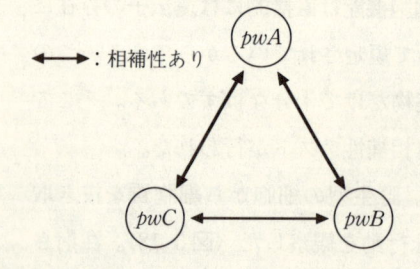

図 5.19 マイクロインジェクションによるポーンの相補性テスト。矢印はそれぞれの組合せで細胞質の注射を行った結果，いずれの場合にも受容体の性質が突然変異型から野生型に回復したことを示す。マイクロインジェクションによって，かけ合せ実験と同じ相補性テストを行うことができることを示している。これによって三つのグループはそれぞれ異なった遺伝子座に突然変異が生じていることが確かめられた。

実験から，細胞質のマイクロインジェクションで相補性テストができることが確かめられた。

さらに，この方法の信頼性を確かめるために，ブラインドテストが行われた。ブラインドテストは，新しくとれたばかりでまだ相補性グループに分けられていないポーンを使って行われた。ポーンの名前を記号化し，試験者には互いにどれかがわからないようにして，マイクロインジェクションとかけ合せ実験が独立に行われた。マイクロインジェクションによる結果は注射してから約8時間後にすべて出そろい，かけ合せ実験の結果を待った。かけ合せ実験の結果は，早いもので3日後，遅いものは1週間かかった。それぞれで分類された相補性グループを照らし合わせたところ，一つの相違もなく完全に一致していた。こうして，細胞質のマイクロインジェクションは早くて正確な相補性テストの方法であることが確かめられた。

5.4.2　異種間（かけ合せ実験ができない組合せ）での相補性テスト

日本とアメリカの電気生理学者たちは，伝統的に種の異なるゾウリムシを使って研究してきた。これらのゾウリムシは非常に近縁の種ではあるが，自然条件では決して交配しない。日本のは普通のゾウリムシ（*Paramecium caudatum*）で，アメリカのはヨツヒメゾウリムシ（*Paramecium tetraurelia*）と呼ばれている。ポーンがヨツヒメゾウリムシで作られてから間もなくして，日本でもゾウリムシを使って同じような性質の突然変異体がたくさん作られた。日本の突然変異体は，CNR（caudatum non-reversal の略）と名づけられた（図5.20）。

かけ合せ実験による相補性テストは，CNR を A，B，C，D の四つの相補性グループに分類した（図5.21）。電気生理学的な特徴はいずれも膜電位依存性カルシウムチャネルの機能が働かなくなっており，刺激を受けても後方には泳げない細胞である。ポーンと同様に，繊毛自体の機能は正常であることも確かめられていた。さて，ポーンと CNR は同じ遺伝子座に生じた突然変異なのであろうか，それとも互いに異なった遺伝子座に生じたものなのだろうか。両者

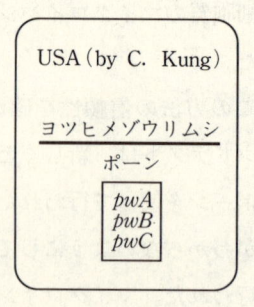

```
┌─────────────────────────┐   ┌─────────────────────────┐
│   日本                   │   │  USA (by C. Kung)       │
│ (by M. Takahashi)       │   │                         │
│    ゾウリムシ            │   │    ヨツヒメゾウリムシ    │
│      CNR                │   │       ポーン             │
│    ┌──────┐             │   │    ┌──────┐             │
│    │ cnrA │             │   │    │ pwA  │             │
│    │ cnrB │             │   │    │ pwB  │             │
│    │ cnrC │             │   │    │ pwC  │             │
│    │ cnrD │             │   │    └──────┘             │
│    └──────┘             │   │                         │
└─────────────────────────┘   └─────────────────────────┘
```

図 5.20 ゾウリムシの二つの種で作られた行動突然変異体。日本とアメリカの研究者たちは伝統的に二つのゾウリムシを使い分けてきた。行動突然変異体はそれぞれ独立に誘導され，電気生理学的な解析が行われた。ここに挙げた7種類の突然変異体は，いずれも膜電位依存性カルシウムチャネルが正常に機能しないという点で共通している。

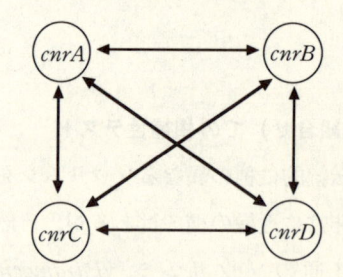

図 5.21 マイクロインジェクションによるCNRの相補性テスト。ポーンの場合と同様，CNRの4種類の突然変異体はマイクロインジェクションによる細胞質の移植実験によって，すべての組合せで相補性が確かめられた。

の遺伝学的関係を調べるにはどうしたらよいのであろうか。

この問題は重要である。しかし，ゾウリムシとヨツヒメゾウリムシは接合をしないので，かけ合せ実験によっては確かめることができない。そこで，アメリカに日本のCNRを持っていき，マイクロインジェクションで相補性テストをすることになった。すべてのCNRをすべてのポーンに，またすべてのポーンをすべてのCNRに注射することによって相補性テストが行われた。相補性テストは，まずイオン刺激によって後方遊泳ができるかどうかが調べられ，次に同じ個体を使ってカルシウムチャネルの機能が電気生理学的に調べられた。その結果，すべての組合せで注射された細胞は完全に野生型に回復した（図5.22）。

こうして，日米協力の結果は次のような形の結論にまとめられた。「ゾウリ

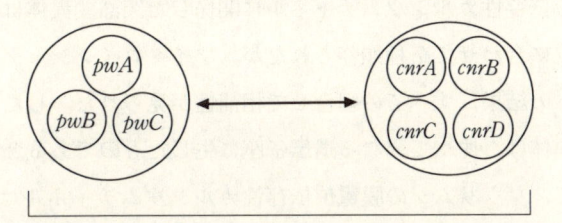

5.4 興奮性を制御する遺伝子：突然変異体の相補性テスト

図 5.22 マイクロインジェクションによる種間での相補性テスト。ポーンと CNR の間で，可能なすべての組合せで細胞質の注射が行われた。いずれの場合にも，受容体の膜電位依存性カルシウムチャネルの機能は野生型に回復した。ポーンと CNR は互いに相補的な関係にあることが明らかになった。

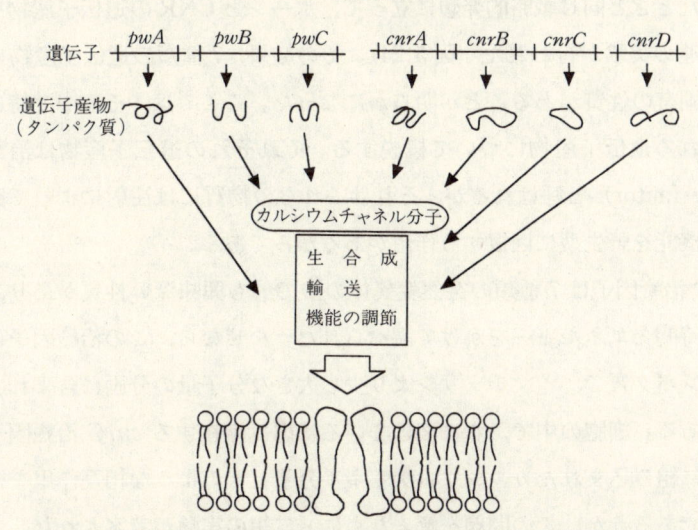

図 5.23 カルシウムチャネル分子の機能発現に必須の七つの遺伝子群。マイクロインジェクションによる細胞質の相補性テストの結果，ゾウリムシのカルシウムチャネルが正常に機能を発現するためには，少なくとも七つの遺伝子産物が必要であることが明らかになった。カルシウムチャネル分子が正常に機能を果たすためには，生合成から輸送・機能の調節まで様々な段階での調節が必要であると考えられている。七つの遺伝子産物のそれぞれの役割の詳細については不明である。

ムシの膜電位依存性カルシウムチャネルに関係した突然変異体は，二つの種でそれぞれ独立に合わせて7種類作られたが，マイクロインジェクションによる相補性テストの結果，すべての組合せで相補性が見られた。したがって，これらの突然変異体は，すべて異なる遺伝子座に生じたものであると考えられる。これによって，ゾウリムシの膜電位依存性カルシウムチャネルは少なくとも7種類の遺伝子の働きによって支えられているということが明らかになった（図5.23）」。

5.4.3 遺伝子産物の生化学的性質

マイクロインジェクションを使って若返りの細胞質因子，イマチュリンが発見されたときと同じ戦略的発想に立って，ポーンとCNRの遺伝子産物を精製する一連の実験が行われた（図5.24）。その結果，7種類の遺伝子産物にはそれぞれ固有の性質があることが明らかになった。ここでは，その中で特に重要と思われる遺伝子産物について概説する。それぞれの遺伝子産物は治癒因子（curing factor）と呼ばれるが，それはこれらの物質には注射によって突然変異体の機能を野生型に回復する作用があるからである。

$cnrC$ 治癒因子は7種類の突然変異体の中で最も興味深い性質があり，最も多くの時間とエネルギーをかけて調べられた。なぜなら，この治癒因子は可溶性のタンパク質で，イマチュリンより少し大きな分子量の分画に含まれていたからである。細胞の中で，水に溶けている状態で存在する $cnrC$ 治癒因子は，細胞膜に組み込まれたカルシウムチャネル分子とどのような相互作用を行っているのであろうか。この問題を解くために，二組の実験が考案された。

一つは，$cnrC$ 治癒因子の作用が化学量論的（stoichiometric）にカルシウムチャネルの活性をコントロールしているのか，という点である。もし，治癒因子がカルシウムチャネル分子と一定の比率で結合するのであれば，カルシウムチャネルの活性は注射した治癒因子の分子数に比例して上昇するはずである。治癒因子の濃度を段階的に変えて注射し，一定時間後にカルシウムチャネルの活性を定量的に測定したところ，カルシウムチャネルの活性は治癒因子の

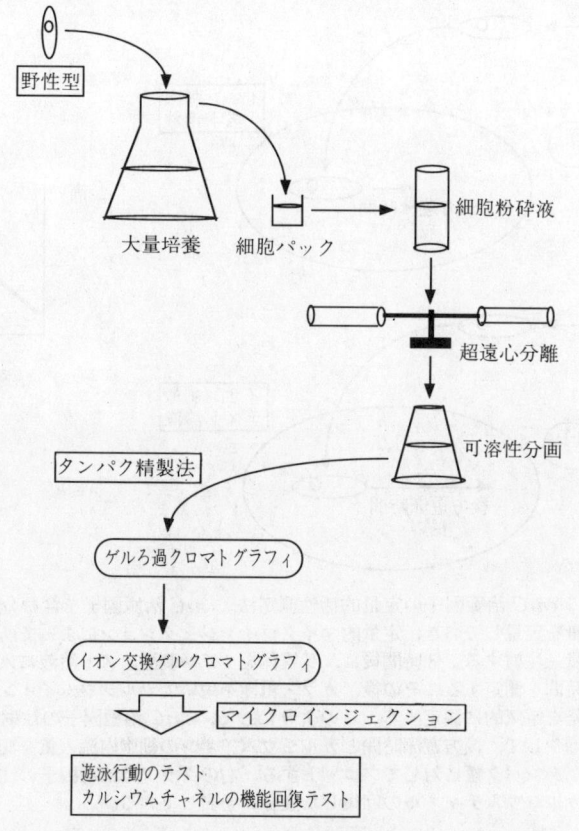

5.4 興奮性を制御する遺伝子：突然変異体の相補性テスト

図 5.24 ポーンおよび CNR 突然変異の治癒因子の精製。*cnrC* 突然変異体の治癒因子を野生型ゾウリムシから精製するための手順。*cnrC* 治癒因子は標準的な細胞分画法に基づいて分離すると可溶性分画に溶出することが明らかになった。治癒因子の活性は単一のピークとして分子量約1万〜3万ダルトンの範囲に溶出される。

注射量に比例することが確かめられた（**図 5.25**）。このことは，*cnrC* 治癒因子が化学量論的にカルシウムチャネルの活性をコントロールしていることを示している。

第二の実験は，*cnrC* 治癒因子の作用部位を推定するためにデザインされたものである。ゾウリムシのカルシウムチャネルは細胞の表面に生えている繊毛の膜に含まれている。繊毛は簡単な処理で細胞から取り除くことができる。こ

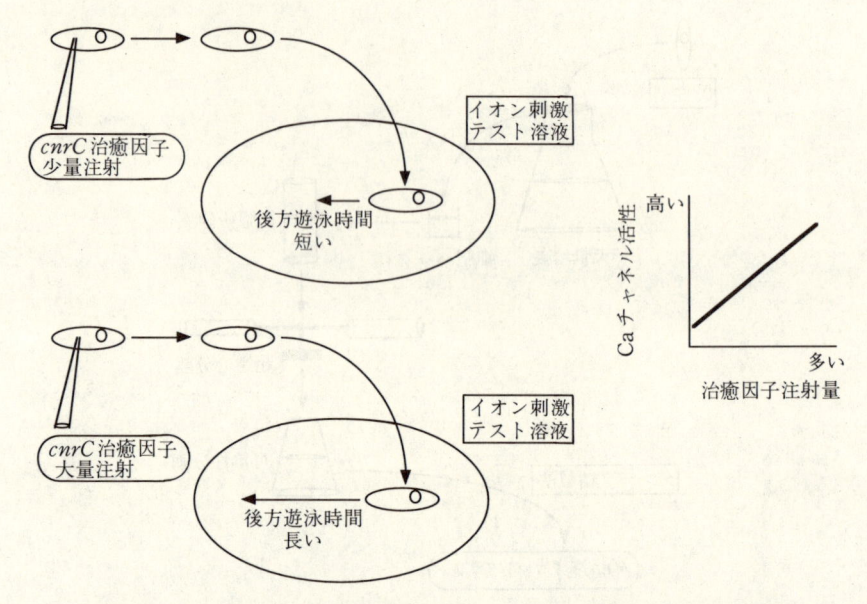

図 5.25 cnrC 治癒因子の定量的活性測定法。cnrC 治癒因子を含む分画のタンパク量を定量しておき，定量的マイクロインジェクションによって所定のタンパク量を注射する．8 時間後に，受容体をイオン刺激テスト溶液に入れ，後方遊泳時間を測定する．その後，ガラス電極を用いてカルシウムイオンの細胞内流入量を電気的に測定する．このようにして，cnrC 治癒因子の注射量を段階的に増やし，後方遊泳時間とカルシウムイオンの細胞内流入量を測定し，注射したタンパク量に対してプロットする．右のグラフは治癒因子の注射量に対するカルシウムチャネルの回復した度合いを表している．

の操作を，脱繊毛（deciliation）と呼ぶ．cnrC 細胞に注射された治癒因子は，繊毛に移動してカルシウムチャネルと相互作用をしているのであろうか．

このことを調べるためにまず，cnrC 細胞に治癒因子を注射した．1 時間後に遊泳行動でテストすると，cnrC 細胞のカルシウムチャネルはほとんど回復していなかった．注射してから 1 時間たった cnrC 細胞の細胞質には注射した治癒因子が存在しているのであろうか．このことを確かめるためにはじめに注射した cnrC 細胞の細胞質が別の cnrC 細胞に注射された．すると後から注射された細胞は数時間後には野生型に回復した（図 5.26）．この実験結果は，注射後カルシウムチャネルがまだ回復していない細胞の細胞質には治癒因子が存在していることを示唆している．

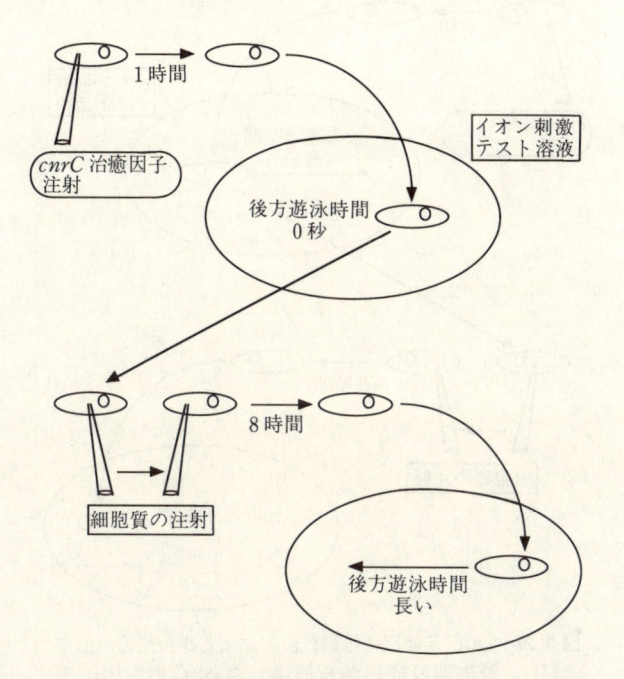

5.4 興奮性を制御する遺伝子：突然変異体の相補性テスト

図 5.26 *cnrC* 治癒因子の継代注射による作用部位の推定（Ⅰ）。野生型の細胞から抽出した *cnrC* 治癒因子を *cnrC* 細胞に注射し，1 時間後に別の *cnrC* 細胞に注射して最初に注射した細胞の細胞質内の *cnrC* 治癒因子の存在量を推定する。

では，注射してからの時間がたてば細胞質の治癒因子はどのように変化するのであろうか。このことを確かめるために，再び，*cnrC* 細胞に治癒因子が注射された。注射された細胞は約 8 時間後にカルシウムチャネルの活性が完全に回復した。そこで，この細胞の細胞質を別の *cnrC* 細胞に注射し，カルシウムチャネルの活性が回復するかどうかが調べられた。しかしながら，今度は 2 番目に注射された *cnrC* 細胞は野生型には回復しなかった（**図 5.27**）。この実験結果は，カルシウムチャネルが回復した細胞の細胞質には治癒因子は残っていないことを示唆している。治癒因子は繊毛に移ったのであろうか。

そこで再度，*cnrC* 細胞に治癒因子が注射された。約 8 時間後に，カルシウムチャネルの活性は完全に回復した。そこで，注射されて野生型に回復した細

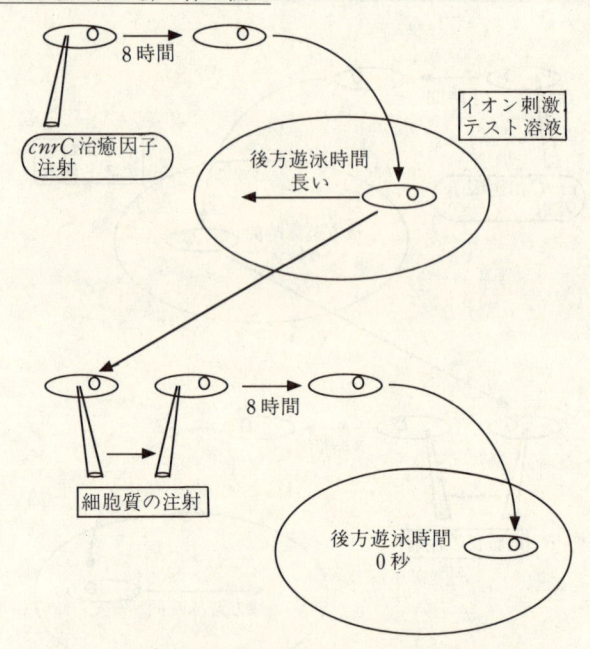

図 5.27 cnrC 治癒因子の継代注射による作用部位の推定 (II)。野生型の細胞から抽出した cnrC 治癒因子を cnrC 細胞に注射し、8 時間後に別の cnrC 細胞に注射して後方遊泳時間を測定する。最初に注射した細胞の細胞質に治癒因子が残っていれば二度目に注射された cnrC 細胞も後方に泳げるようになるはずである。ところが実際には後方に泳ぐ能力は回復しなかった。

胞は脱繊毛の処理が行われた。脱繊毛をするとその後数時間は、ゾウリムシは動けないのでじっとしている。4〜5 時間たつと、繊毛が再生してきて、ゾウリムシは再び自由に泳ぎ回ようになる。このとき、再生した繊毛のカルシウムチャネルは正常な機能を持っているのであろうか。遊泳行動でカルシウムチャネルの活性を調べたところ、突然変異体のレベルに戻っていた。対照実験として、脱繊毛処理を行わない細胞群を用いたところ、対照群の細胞はすべて野生型のレベルを維持していた（**図 5.28**）。この実験結果は、注射された治癒因子は脱繊毛によって細胞から取り除かれたことを示唆している。

以上、四つのマイクロインジェクションによる実験をまとめると、次のよう

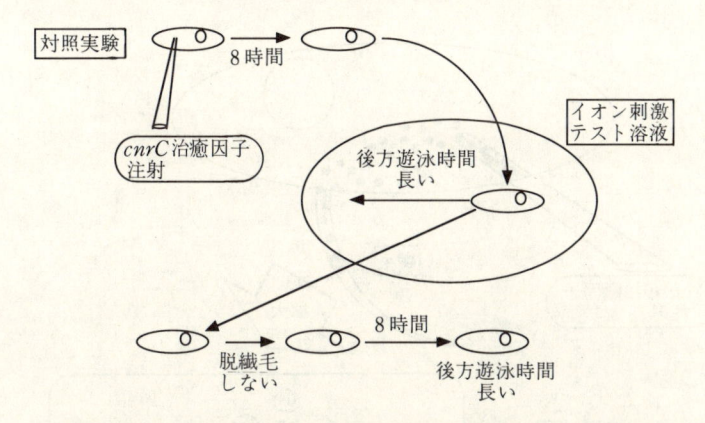

5.4 興奮性を制御する遺伝子：突然変異体の相補性テスト

図 5.28 *cnrC* 治癒効果の対照実験。*cnrC* 治癒因子は一度注射すると，効果は少なくとも 16 時間は継続する。途中 8 時間目で脱繊毛を行い細胞から繊毛を刈り取ってしまうと，次の 8 時間目で再生してきた繊毛では回復効果は失われていた。

になる。

1) 注射された治癒因子と回復したカルシウムチャネルの活性との間には化学量論的な関係がある。これは，治癒因子とカルシウムチャネルが直接的な相互作用を行っている可能性を示している。

2) 注射後，カルシウムチャネルの活性がまだ回復していない細胞の細胞質には治癒因子の活性がある。

3) 注射後，カルシウムチャネルの活性が回復した細胞の細胞質には治癒因子の活性はない。

4) 注射で回復したカルシウムチャネルを繊毛とともに取り除くと，新しく再生した繊毛のカルシウムチャネルに対しては，治癒因子による回復の効果は失われる。

これらの結果を矛盾なく説明する最も自然な解釈は次のようになる。「注射された *cnrC* 治癒因子は，細胞質から徐々に繊毛に移動し，繊毛膜のカルシウムチャネル分子と一定の比率で結合する。治癒因子が結合したカルシウムチャネルの活性は回復し，回復したチャネル分子の数に応じて，カルシウムイオンの透過性は増大する。その結果，細胞膜の興奮性は高まり，繊毛運動の逆転反

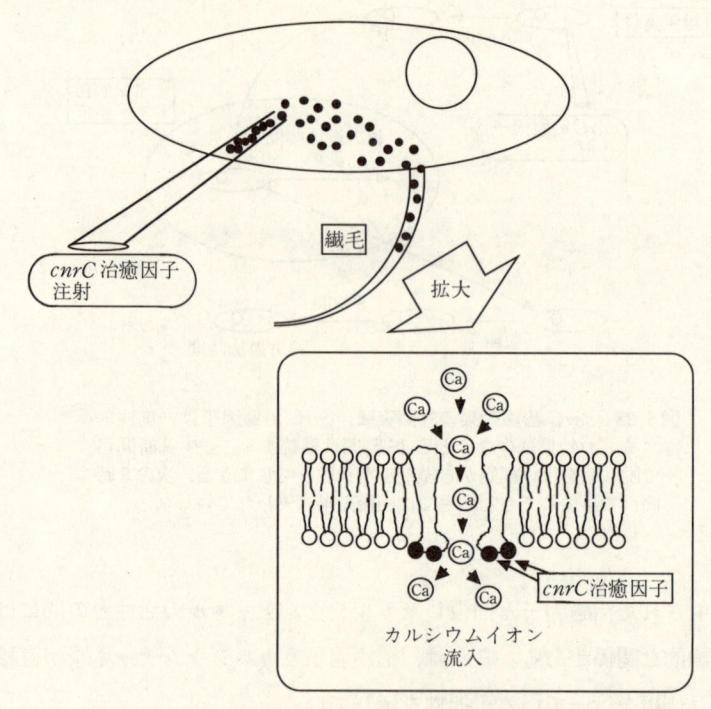

図 5.29 *cnrC* 治癒因子の作用仮説。*cnrC* 治癒因子は細胞質に注射されると，繊毛内に移行し，繊毛膜に組み込まれたカルシウムチャネル分子に結合し，活性化する。

応が促進される（図 5.29）」。

　cnrC 治癒因子の作用機構については，ほかにもいろいろな可能性が考えられるが，詳細な分子の仕組みは，治癒因子の分子構造が明らかにされた後に解明されることになるであろう。いずれにしても，カルシウムチャネルの機能をコントロールしている水溶性タンパク質の発見は，遺伝学，電気生理学，細胞行動学，生化学の四つの分野における詳細な実験と，それらの知見を統合して行われた膨大な数のマイクロインジェクションによるものであった。神経興奮の謎にチャレンジしたパイオニア的な実験の一例である。

5.5 性転換を制御する遺伝情報

5.5.1 性転換と生存戦略

性転換（sex reversal）は，性が雄と雌に分化した多細胞動物に見られる現象で，生物にとって重要な生存戦略の一つと見られている．接合型転換（mating-type change）は単細胞生物に見られる同様の現象で，有性生殖を行うパートナーを生みだすという効果がある．

ゾウリムシは自然状態で接合型転換を行う細胞としてよく知られている．ゾウリムシの接合型転換は，有性生殖を行う相手に出会わないまま細胞分裂を繰り返して初老を迎えると起こる現象である（図5.30）．接合してから，80〜120回分裂すると，クローンを構成する一部の細胞で接合型がEタイプからOタイプに転換する．その細胞が周りのEタイプの細胞と出会うと，交配反応（mating reaction）を行い接合過程に入る（図5.31）．接合が完了すると，細胞は再び0歳からのライフサイクル（life cycle）をスタートさせることができるので，このようにして生まれた子孫は老化による死滅から免れることができる．

接合型転換はどのようにして起こるのであろうか．細胞の内部で起こる自発的な現象なのか，環境要因の刺激によるのか，それとも周りの細胞からのシグナルによるものなのか．原因はいろいろ考えられる．そこで，マイクロインジ

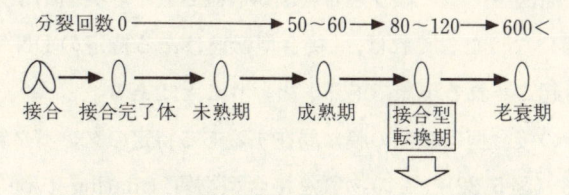

図5.30 ゾウリムシの生活史における接合型転換．接合後，未熟期・成熟期を経過して接合型転換期に入ると，Eタイプの細胞の中に，自律的にOタイプに接合型を転換する細胞が現れてくる．接合型転換はその後クローナルエイジングの進行に伴い継続的に観察される．

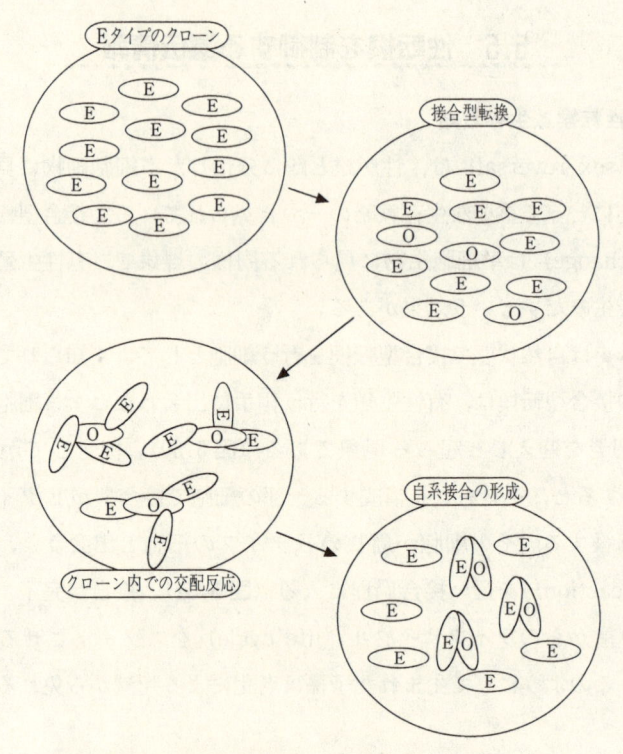

図 5.31 接合型転換による自系接合の形成。Eタイプの
クローンに交配反応活性が発現すると，数日後に一部の
細胞はOタイプに転換する。この細胞はクローン内の
Eタイプの細胞と交配反応を行い，接合対を形成する。

ェクションで原因を一つに絞り込む実験が計画された。実験結果は明白な結論を与えることになった。それは，「接合型転換はある特定のDNAの遺伝情報によって引き起こされる現象である」ということである。

　ゾウリムシの接合型は繊毛の膜に局在するある特定のタンパク質によって決められている（**図 5.32**）。この物質を接合型物質（mating-type substance）と呼ぶ。接合型物質にはEタイプ（even type）とOタイプ（odd type）がある。EタイプとOタイプは相補的接合型と呼ばれ，両者の間では極めて特異性の高い細胞接着が行われ，接合過程に入る。Eタイプ同士やOタイプ同士の細胞では交配反応は起こらない。

5.5 性転換を制御する遺伝情報

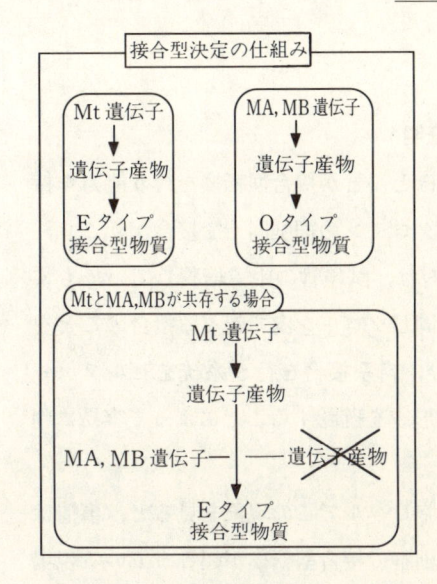

図5.32 接合型を決めている接合型物質と遺伝子との関係。Eタイプ接合型物質とOタイプ接合型物質は，それぞれ特定の遺伝子によって支配されている。Eタイプの細胞にはOタイプ接合型物質の合成を指令する遺伝子も含まれているので，Eタイプの細胞にはOタイプになる素質が潜在的に備わっている。一方，Oタイプの細胞にはEタイプ接合型物質の合成を指令する遺伝子は含まれていない。

接合型は一組の対立遺伝子によって決められている。優性の対立遺伝子（Mt という記号で表す）を一つでも持つと，その細胞はEタイプになり，劣性の対立遺伝子（mt）が2個そろった場合にだけOタイプとなる。接合型は単純なメンデルの法則に従って，子孫に遺伝する。

接合型転換はEタイプの細胞にだけ起こり，Oタイプの細胞には決して起こらない。それまでEタイプの接合型を現していた細胞が，分裂をすることなくOタイプに変わるので，接合型転換は繊毛膜上での接合型物質の置き換わりが原因であろうと推測されていた。1970年代後半に，接合型転換を行わない突然変異体が人工的に作られ，接合型転換は遺伝子のレベルで調べること

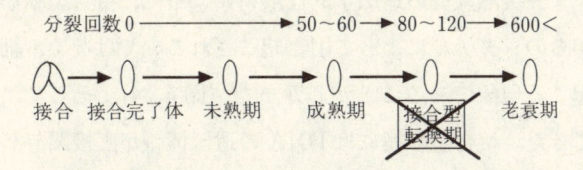

図5.33 自系接合を行わない突然変異体。発ガン性の試薬を用いて人為的に誘導した突然変異体。野生型のゾウリムシが接合型転換を行う時期に達しても，接合型転換を行わない。したがって，自系接合も起こらない。

ができるようになった（図5.33）。

5.5.2　突然変異体：遺伝子の存在の証明

野外から採集してきたゾウリムシは，ほとんどが接合型転換を行う能力を持っている。接合型転換が起こると，同じクローンの細胞同士で接合が起こり，接合対（mating pair）ができる。接合対は，試験管の中で培養していてもすぐに見つけることができる。このように同じクローン内で起こる接合のことを自系接合（selfing conjugation）と呼び，自系接合を行う系統をセルファー（selfer）と呼ぶ。接合型転換は接合対の形成を確認することによって容易に判断することができる。

ところがクローンを構成する個々の細胞レベルでこの現象を見ると，事情は異なってくる。なぜかというと，個々の細胞で接合型転換が起こっている現場を実験的にリアルタイムでとらえることはほとんど不可能に近いからである。そこで，先に述べた遺伝的解剖の戦略に基づいて，接合型転換を行わない突然変異体が作られた。

この突然変異体の遺伝学的な特徴を調べたところ，劣性の突然変異で，メンデル遺伝をすることがわかった。劣性の突然変異遺伝子（su）をホモに持つ細胞は，細胞分裂が進んで初老のエイジ（age）に達しても自系接合は行わない。そこで，この突然変異体はノンセルファー（non-selfer）と呼ばれた。野生型の遺伝子は優性である。野生型遺伝子はどのようにして接合型転換を引き起こすのであろうか。

ノンセルファー突然変異の遺伝学的な解析によって，接合型転換は環境要因や他の細胞からのシグナルによって引き起こされるのではなく，細胞の内部から自発的に起こる現象であることがわかった（図5.34）。そこで，次のような疑問が生じてきた。接合型転換にはDNAの遺伝情報が直接関与しているのであろうか。また，接合型転換を誘導する細胞質因子は存在するのであろうか。

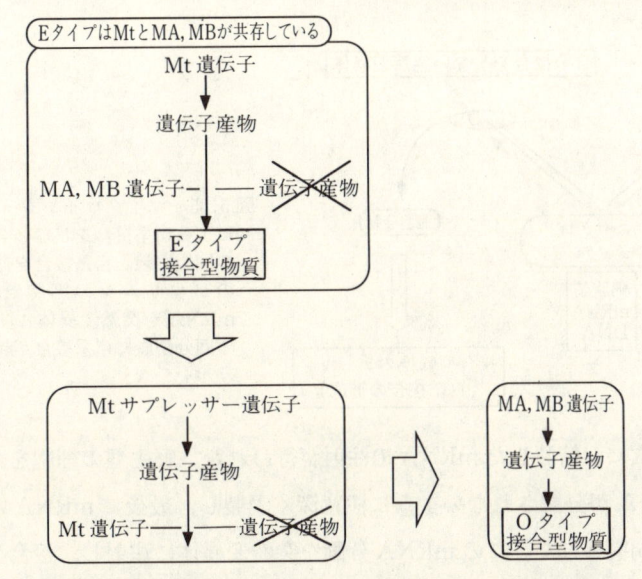

5.5 性転換を制御する遺伝情報　　105

図5.34 接合型転換の仕組み。接合型転換の実際の仕組みはまだ証明されてはいない。ここには解釈の一例を示す。この仮説では，Mt サプレッサー遺伝子が最も重要な役割を果たしている。この遺伝子は E タイプの接合型物質を指令する Mt 遺伝子の働きを抑制する。Mt 遺伝子の産物は O タイプの接合型物質を指令する遺伝子（MA，MB）の働きを抑制しているので，Mt 遺伝子が働かなくなると，MA，MB 遺伝子が働きだすようになる。その結果，O タイプ接合型物質が合成され，細胞の接合型は E タイプから O タイプに変わる。

5.5.3　マイクロインジェクションによる接合型転換誘導物質の探索

　接合型転換を誘導する物質を捕まえるために，まず，細胞質のマイクロインジェクションが行われた。突然変異体が劣性で野生型が優性である。そこで，供与体（donor）は野生型，受容体（recipient）は突然変異体の組合せで行われた（図 5.35）。もし，野生型の細胞質に誘導物質が含まれていれば，注射された突然変異体に接合型転換を誘導することができるはずである。ところが注射の結果は，突然変異体に接合型転換を誘導することはできなかった。この実験結果は「ネガティブな結果（negative result）」なので，細胞質のマイクロインジェクションからは何の結論も導き出すことができなかった。

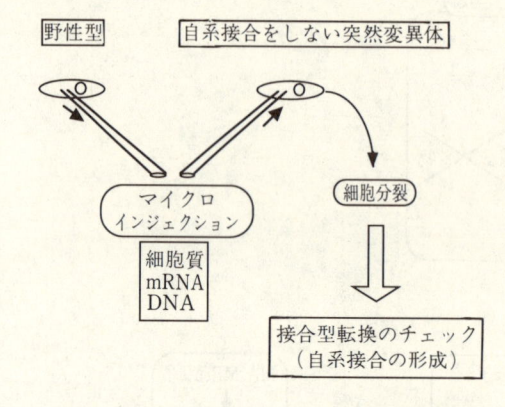

図5.35 マイクロインジェクションによる自系接合をしない突然変異体の回復実験。自系接合を行う野生型のゾウリムシの細胞質, DNA, mRNA を突然変異体に注射し, 約4回分裂後に自系接合が起こるかどうかをテストする。

そこで次に, 精製した mRNA の注射が行われた。野生型の細胞を大量に培養し, RNA が分解されないように注意深く調製し, 最後に mRNA だけを含む試料が調製された。この mRNA 分画を突然変異体に注射し, 接合型転換が誘導されるかどうかを調べる実験が行われた。しかし, 注射の結果, 接合型転換を示したクローンは得られなかった。mRNA のマイクロインジェクションの場合も「ネガティブな結果」であった。

そこで, 最後のチャレンジとして, DNA の注射が行われた。野生型の細胞から DNA が抽出され, 一つの細胞に約 40 pg の DNA が注入されるようにして突然変異体の大核の中に注射された。その結果, 注射された細胞のうちの約 40％ で自系接合の接合対が形成された。

一方, 対照実験では, 注射による影響と DNA の特異性を見るために, ノンセルファー突然変異体自身から抽出した DNA とサケの精子の DNA が使われた。注射に使う DNA はどんなものでもよいのか, それとも野生型のゾウリムシの DNA でなければならないのか, という疑問に答えるためである。ノンセルファー変異体の DNA とサケの精子 DNA を注射した対照群の細胞では自系接合による接合対形成は全く見られなかった。これらの結果から, ノンセルファー突然変異体に接合型転換を誘導するためには, 野生型 DNA の遺伝情報が必要であることが確かめられた。

接合型転換には, 有性生殖を行って新しい子孫を残すという重要な意義があ

5.5 性転換を制御する遺伝情報

る．しかし，接合型転換の現象そのものが非常にデリケートで，多くの細胞を使って一度に誘導するという実験系を組み立てることができない．したがって，どのようなきっかけで接合型転換は起こるのか，接合型物質の置換えは実際に起こっているのかなど，詳しい仕組みについては全く謎のままである．しかしながら，DNA のマイクロインジェクション実験によって，野生型ゾウリムシの DNA には，接合型転換を引き起こす遺伝情報が含まれていることが判明した（図 5.36）．接合型転換の謎は，将来野生型 DNA の遺伝情報を解読することによって解明されるに違いない．

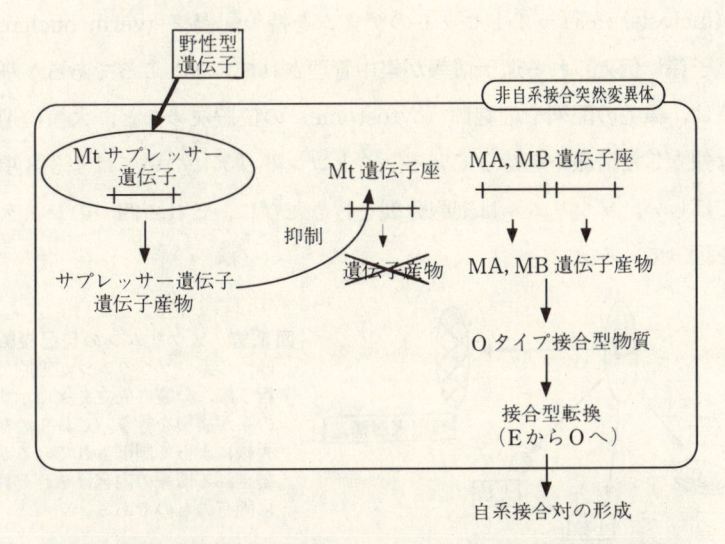

図 5.36 DNA のマイクロインジェクションによる接合型転換の誘導．接合型転換を行わない突然変異体に野生型ゾウリムシから抽出した DNA を注射すると，接合型転換を行うようになる．この注射の効果を説明する仮説を示す．この現象は野生型 DNA に Mt サプレッサー遺伝子が含まれていると仮定するとうまく説明できる．注射した野生型 DNA の遺伝情報をもとにして，Mt サプレッサー遺伝子の遺伝子産物が合成されると，この産物は Mt 遺伝子の発現を抑制するように働く．その結果，MA，MB 遺伝子が働きだして，O タイプ接合型物質を合成し，E タイプから O タイプへ接合型が転換する．

5.6 核移植と核融合：細胞複製の履歴の記録

5.6.1 複製する四つのシステム

　細胞は自己複製するシステムである。ゾウリムシでは，細胞分裂の際大きく分けて四つのシステムが，互いに密接な関連を保ちながらも独立に自己複製している（図5.37）。大核（macronucleus）と小核（micronucleus）と細胞表層構造（cell surface structure, cortex）とミトコンドリアである。大核は細胞分裂など日常の生活に必要な遺伝情報の発信源となっているところである。小核は2セットのゲノム（genome）からなっているが，接合のときには減数分裂（meiosis）を行って1セットのゲノムを持つ配偶核（germ nucleus）になる。子孫に伝えられる遺伝情報が集中管理されているところである。細胞表層構造は，繊毛の配列や細胞口（cytostome）の位置決めなど，大核の遺伝情報とは独立した情報系を持っている。ミトコンドリアについては4.3.3項を参照してほしい。ゾウリムシは細胞分裂を行うたびに，これら四つのシステムが複製を行っている。

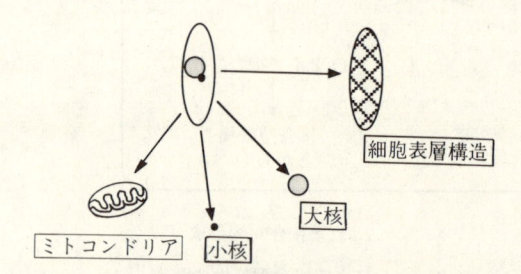

図5.37　ゾウリムシの自己複製する四つの系。ゾウリムシが細胞分裂を行う際，分裂に先立ち図に示す四つの系が複製を行う。これらの複製は大核によって制御されているが，複製される情報の内容はそれぞれの系に固有のものである。

　では，ゾウリムシが性的に成熟するとき，これら四つのシステムのうちでどれが最も重要な決定要因となっているのであろうか。未熟期から成熟期になるまでには，約50回の細胞分裂が行われる。言い換えると，性的な能力が発現するまでに，四つのシステムはそれぞれ約50回の複製を行っていることになる。成熟するためには，四つのシステムがすべて約50回という決まった回数の複製を行う必要があるのだろうか。それとも，決められた回数の複製が必要なのは大核，小核，細胞表層構造，ミトコンドリアのうちでどれか一つのシス

テムだけに限られているのであろうか。このような形式の問題は，構成成分の変化を比較したり，要素を分析するという生化学的アプローチで解明することは非常に困難である。では，どんな取組み方をすればよいのだろう。

5.6.2 核移植実験による複製履歴の解析

性的な能力が発現するのに必要な自己複製の問題は次のような設問に組み立てられた。「細胞は，過去に何度自己複製を行ったかということを記録し，保存する仕組みを持っているのだろうか。もし持っているとすれば，それはどこに書き印されているのだろう」。そこで，マイクロインジェクションを使って「自己複製の履歴書」の所在を探す実験が行われた。

大核は，ゾウリムシの生命活動に必要な遺伝情報が管理されている場所であり，タンパク合成に必要な mRNA が合成されるところである。細胞の自己複製では大核の DNA の複製をはじめとしてすべての細胞構成成分が合成される。一方，性的な能力の発現にはイマチュリンと接合型物質という 2 種類のタンパク質の合成がキーポイントになっている。

そこで，実験の作業仮説（working hypothesis）は次のように組み立てられた。「自己複製の回数と性的能力の発現とを結ぶ因果関係は大核の中にある。もしそうだとすると，未熟期の大核と成熟期の大核の間には，性的な能力の発現に関して優性・劣性の関係があるかもしれない。未熟期の大核と成熟期の大核を融合して融合核を作り，融合核を持つ細胞は未熟になるのか成熟になるのかを調べればこのことが確かめられるのではないか（図 5.38）」。

未熟期の細胞の大核と成熟期の細胞の大核を使って，性的な能力に関して優性・劣性の関係があるかどうかを確かめる実験が行われた。まず，基礎実験として大核が融合するかどうかを確かめなくてはならない。遺伝的な素質が異なる 2 種類のゾウリムシを使って，核融合に関する基礎データが集められた。使われた 2 種類のゾウリムシの大核を区別するために，遺伝子マーカー（gene marker, genetic marker）が使われた。遺伝子マーカーとは細胞に顕著な特徴を現す遺伝子のことで，普通は 1 個の細胞でも，生きたままで識別できるも

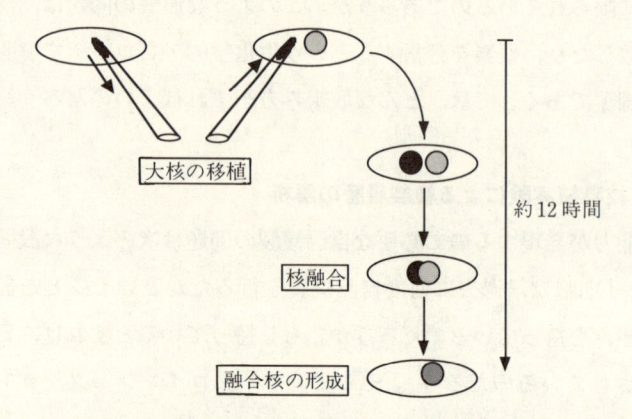

図 5.38 大核の移植と核融合。遺伝的な素質の異なる二つの系統のゾウリムシを使って核移植を行うと，約12時間後には二つの核は融合し融合核ができる。この細胞を数回分裂させてそれぞれの娘細胞からクローンを作り，クローンを構成する細胞の遺伝的な性質を調べることによって，融合核に含まれる遺伝子の組合せを推定することができる。

のが選ばれる。この実験では，3組の遺伝子がマーカーとして使われた。行動で区別ができる遺伝子として，カルシウムチャネルの機能に欠損のある *cnrA* と *cnrB*，自己防御として働く細胞小器官であるトリコシスト（trichocyst, 毛胞，糸胞）に関する突然変異遺伝子 *tnd* 1 と *tnd* 2，そして，接合型のEタイプとOタイプである。

3組の遺伝子は，大核が融合した後で組換え体が識別できるようにあらかじめ二つの大核に配分された。例えば行動突然変異遺伝子については，両方の大核が融合し，その後核分裂を行った後で，両方の大核の遺伝子が保存されていた場合にのみ野生型となり，どちらか一方の大核だけが残った場合には突然変異型のままとなる。トリコシストの場合も同様で，両方の大核遺伝子が残った場合にだけ形質は野生型に回復する。接合型の場合は，Eタイプの大核が残れば細胞はEタイプとなり，Eタイプの大核が残らなければOタイプになる。

マイクロインジェクションによる核移植実験は多くの細胞を使って行われ，融合核の遺伝子構成が調べられた。統計的な解析の結果，融合核形成には二つ

5.6 核移植と核融合：細胞複製の履歴の記録

の核が同じ程度に貢献することがわかった。また，融合核が形成されてから数回の分裂の間に，マーカー遺伝子はランダムに組み合わされることもわかった。さらに，融合核が安定化した後では，新しい遺伝子の組合せは安定して維持されるということも明らかになった。これらの結果は，大核の核融合は遺伝学的にはメンデルの3法則（優性・分離・独立の各法則）が成立する系であることを意味している。核融合によって遺伝子の組換えがランダムに起こるということは，核融合実験でもって，未熟期の大核と成熟期の大核の優性・劣性関係を調べることができるということになる。

未熟期の大核と成熟期の大核の優劣関係は，接合してから約20回分裂した未熟細胞と約100回分裂した成熟細胞を使って調べられた。細胞質の影響を公平に評価するために，マイクロインジェクションは二通り行われた。未熟の大核を成熟細胞に移植する組合せと，成熟の大核を未熟細胞に移植する組合せである。核融合を誘導した後，細胞分裂が促され，約15回分裂した後でそれぞれの融合核を持つ細胞の性的な能力がテストされた。テストの結果，受容体が未熟であっても成熟であってもどちらの細胞も性的な能力は未熟の状態にあった（表5.1）。未熟の状態は核融合が起こってから約30回分裂ほど続き，やがてすべてのクローンは成熟細胞になった。この実験結果は，未熟期の大核が成熟期の大核に対して優性であることを示している。

表5.1 未熟期の大核と成熟期の大核の優劣関係。未熟期の細胞と成熟期の細胞を組み合わせて核移植実験を行うと，受容体が成熟の場合でも未熟の場合でも核融合を起こした細胞から生じたクローンは，すべて未熟になった。

供与体	受容体		核融合細胞から生じたクローンの性的能力
未熟細胞	成熟細胞	核融合細胞	未熟
成熟細胞	未熟細胞	核融合細胞	未熟

一般的な優性・劣性の関係では，優性の形質を示す遺伝子から積極的に酵素などの細胞の特徴を現すタンパク質が合成されているケースが多い。このような遺伝子発現の仕組みから類推すると，未熟期の大核ではあるタンパク質が合成され，そのタンパク質によって性的な能力の発現が抑制されている，と考え

ることができる。この結論は，イマチュリンの存在と矛盾しない。細胞質の機能から明らかになった結論と大核の実験からの結論が一致したのである。

さらに，核融合の実験からもっと重要な仮説が導き出された。未熟期の大核ではイマチュリン遺伝子がオンの状態にあってイマチュリンを合成している。成熟期の大核では，イマチュリン遺伝子はオフの状態になっていると推定される（成熟期の大核のイマチュリン遺伝子の状態は「ネガティブ情報」なのであくまでも推測の域を出ない）。イマチュリン遺伝子の詳細な状態については明言できないとしても，次のように考えることは十分に可能である。すなわち，「自己複製の履歴はイマチュリン遺伝子の発現に直接影響を与えるような形で記録され，保存されているのではないか」。

さて，子孫に伝える遺伝情報を保存している小核の場合にはどうであろうか。小核の自己複製も性的な能力の発現に重要な影響を与えているのであろうか。結論からいうと，答えは「性的な能力の発現は，小核の自己複製回数の影響を受けない」ということになる。このことは，マイクロインジェクションではなく，別のかけ合せ実験によって確かめられた。実験の詳細は省略するが，接合してから十数回しか分裂してない未熟期の小核でも，接合を行っている細胞質の中に置かれると減数分裂を行い，生殖核になることができるのである。したがって，小核の場合には，「生殖核としての機能に関しては，未熟期のものと成熟期のものとは等価である」ということになる。

細胞表層構造については，マイクロインジェクションの限界を超えた構造であるため，実験的に検証する系はまだ確立されていない。ゾウリムシの表層構造の遺伝に関しては，非常に重要なルールが働いていることが古くから指摘されている。「既存の構造パターンが新しく構築されるパターンを規定する」という言明である。個々の遺伝子の働きについての詳細な理解が進む現代の分子生物学にあって，細胞をより深く理解する上でやがては直接向き合わなければならない重要なテーマである。

また，ミトコンドリアの影響に関しても，細胞内でのミトコンドリアのエイジを推定する適切な方法がないため，実験的には検証されていない。

核移植と核融合に関する実験結果をまとめると次のようになる。「大核は自己複製するたびにその記録を保存している。自己複製の記録はイマチュリン遺伝子の発現に影響を与える。自己複製の回数が蓄積するとイマチュリン遺伝子の発現は低下する。細胞レベルでのイマチュリンの活性が低下すると，接合型物質の発現が始まり，細胞に性的な成熟をもたらす」。また，「小核の生殖核としての機能は，自己複製回数に関係なく，常に備わっているものである」。

5.7 体細胞分裂から減数分裂への細胞周期の転換

5.7.1 2種類の細胞分裂

細胞は細胞分裂によって増殖する。増殖の仕方には，無性生殖（asexual reproduction）と有性生殖（sexual reproduction）の二通りがある。無性生殖は多くの細胞に見られ，体細胞分裂（mitosis）と呼ばれる分裂様式による。一方，有性生殖は生殖細胞系列の細胞でだけ見られ，減数分裂と呼ばれる分裂様式を伴う。体細胞分裂と減数分裂は，結果として娘細胞のゲノムの構成に大きな違いを生じる。体細胞分裂では $2n$ の細胞から $2n$ の細胞が2個できるが，減数分裂では $2n$ の細胞から n の細胞が4個できる。したがって，細胞は，あらかじめどちらの分裂様式で分裂するかということを，何らかの方法で方向づけられているものと思われる。体細胞分裂コースと減数分裂コースの両方に進むことができる細胞では，コースの選択はどのようにして行われるのであろうか。

ゾウリムシの小核は体細胞分裂と減数分裂の両方ができる核である。もっと正確にいうと，成熟期の接合活性の高い細胞（mating reactive cell）では，小核はある種の刺激があると減数分裂に入り，それがなければ体細胞分裂に入る，という状態を何日間も維持している。減数分裂コースに入るある種の刺激とは，相補的な接合型の細胞と性的な接着を行うことである（図 5.39）。

相補的な細胞同士の出会いは全くの偶然の出来事である。相補的な細胞と接触すると，接合型物質が局在する腹側の繊毛同士で接触し合い，交配反応が始

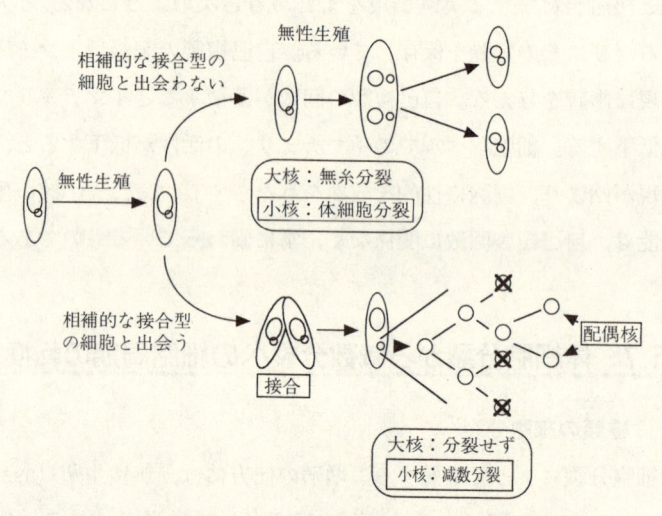

図 5.39 体細胞分裂コースと減数分裂コース。ゾウリムシの小核は体細胞分裂と減数分裂の両方を行う能力を潜在的に持っている。豊富な栄養条件下では体細胞分裂を繰り返すが，細胞が接合すると減数分裂コースに入る。この切替えは大核によって制御されている。図には接合を行っている一方の細胞だけを取り上げて，減数分裂の過程を模式的に示してある。実際には減数分裂は接合を行っている両方の細胞で同時に進行する。

まる。交配反応が十数分続くと，小核は減数分裂コースへと方向づけられ，2～3時間相補的な細胞との接触が継続すると，完全に減数分裂モードに入る。しかし，この2～3時間の接合過程において，何らかの原因で細胞接着が継続できずに細胞が離れると，小核は減数分裂へのコースを中断する。

　減数分裂コースに入る最初の刺激は，相補的な接合型の繊毛と接触することである。これは細胞表面での出来事である。ではそのとき，細胞の内側ではどのようなことが起こっているのであろうか。細胞の外側からの刺激が細胞膜を介して細胞の内側に伝えられる出来事が，広く単細胞生物から多細胞生物全般にわたって見られる現象で，細胞膜を介した情報伝達（transmembrane signal transduction）と呼ばれる。外からの刺激を受けて細胞内に発生するシグナルをセカンドメッセンジャー（second messenger）と呼ぶ。セカンドメッセンジャーとしては，サイクリック AMP（cyclic adenosine monophosphate），Caイオン（calcium ion），IP 3（inositol trisphosphate，イノシトール三リン酸）などがよく研究されている。

多細胞動物の受精では，Caイオンがセカンドメッセンジャーとして重要な働きをしていることが多くの生物で確かめられている。では，ゾウリムシが接合して減数分裂コースに入るときのセカンドメッセンジャーはどんな物質なのであろうか。この物質はマイクロインジェクションによって実験的に確かめられた。

5.7.2 Caイオンの役割

1970年代中頃，ゾウリムシを低温条件に置いたり，細胞膜のCaイオン透過性を上昇させる試薬で処理すると，小核が大核のポケットから飛び出す，という実験が報告された。ゾウリムシを低温条件に置くと細胞内のCaイオン濃度が上昇することが別の実験で確かめられていたので，これらの実験結果から次のような仮説が提案された。「細胞内のCaイオンの上昇か，または，上昇したレベルからノーマルレベルに減少することが小核の飛出しを誘導する」。

小核はふだんは，大核のポケット状のくぼみの中に収まっている。では，小核が大核のポケットから飛び出すことには，どんな意味があるのだろう。実は，ゾウリムシの接合過程で，細胞が減数分裂コースに入るときのいちばん最初に起こる出来事が，この小核の飛出し（early micronuclear migration, EMM）である。つまり，小核の飛出しが減数分裂を行うための必要条件になっている。正常な接合過程では，ゾウリムシが相補的な接合型の細胞と出会って，交配反応を開始すると，それから十数分後には小核の飛出し現象が起こる。飛び出した小核は接合過程が継続すると，やがて減数分裂に特異的なDNA合成を行い，減数分裂へと入っていく。

小核の飛出し現象は，細胞が減数分裂コースに入ったことを示す最も早い時期の指標と見なされているのである。先に述べた1970年代中頃の実験は，Caイオンが小核の飛出しに関係している可能性を示してはいたが，直接的な証拠は何もなかった。本当に，Caイオンだけの上昇で小核の飛出しは起こるので

あろうか，ほかのイオンの共同作用というものはないのだろうか，仮に，Caイオンだけだとしても，濃度はどのくらいの上昇を必要とするのだろうか，など，イオン特異性や濃度の定量性などの点で，多くの疑問が残されていた。

そこで，Caイオンを細胞の中に注射し，実験的に細胞内のCaイオン濃度を上昇させ，小核の飛出しが誘導されるかどうかを調べる実験が行われた（図5.40）。この実験で最も注意が払われたのは，Caイオンの注射後，細胞内のCaイオン濃度が一定の間一定のレベルに保たれるようにすることであった。これをCaクランプ（calcium clamp，Caイオン濃度の固定）と呼ぶ。

CaクランプはCaイオンと特異的に結合するEGTA (ethylen glycol-bis (β-aminoethyl ether) N,N,N′,N′- tetraacetic acid) を用いて行われた。EGTAは一定の温度では，一定の解離定数でCaイオンと結合するので，

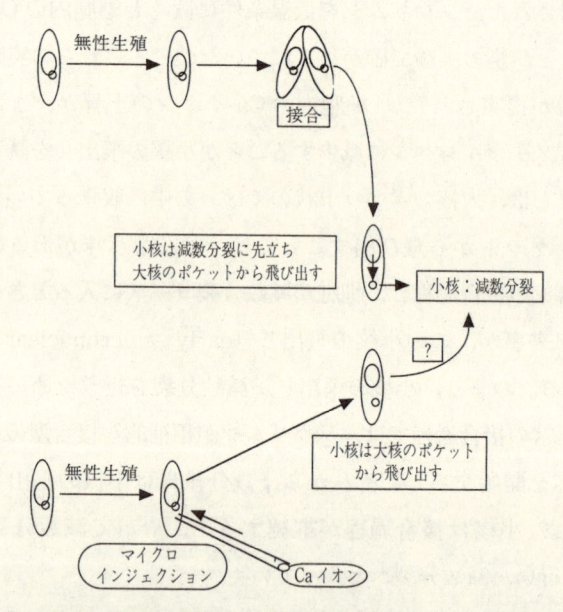

図5.40 「小核の飛出し行動」の誘導。成熟期の交配反応活性が発現している細胞に，細胞内濃度がおよそ10^{-6} Mに固定されるような条件になるようにカルシウムイオンを注射すると，大核のポケットの中にいた小核が細胞質の中に飛び出す。小核の飛出し行動は通常，接合過程の最も初期の段階にある細胞でしか見られないため，減数分裂に入るのに必要なステップであると考えられている。

5.7 体細胞分裂から減数分裂への細胞周期の転換

EGTA と Ca イオンのモル比を調節することによって，遊離の Ca イオン濃度を任意の値にセットすることができる。このようにして希望の値に Ca イオン濃度を調整した Ca/EGTA 溶液を細胞に注入すると，一定時間，細胞内の遊離の Ca イオン濃度を希望のレベルに固定することができる。

このようにして，定量的に細胞内の遊離の Ca イオン濃度を変化させるように Ca/EGTA 溶液を注射した結果，細胞内の Ca イオン濃度が通常の100〜500 倍程度上昇すると小核の飛出し現象が誘導されることが明らかになった。さらに，小核の飛出し誘導は，接合過程に入る準備のできた細胞でだけ観察された。また，Mg^{2+}，Na^+，K^+ などのイオンでは誘導されなかった。したがって，小核の飛出し誘導はイオンの特異性という点では，Ca イオンに特異的な現象であり，定量的には数百倍の上昇が必要である，ということになった。

Ca イオンの注射で明らかになったもう一つの重要な点は，小核の飛出し誘導が接合過程に入る準備のできた細胞でだけ起こった，ということである。このことは，どの状態の細胞でも Ca イオンの濃度が数百倍に上昇すれば，小核の飛出しが起こる，ということではない。接合過程に入る準備の整った細胞でだけ起こる，ということは Ca イオンの上昇に応答する特別な反応系があり，接合活性の発現と密接に連動していることを示唆している。

通常の接合過程では，小核の飛出し現象から減数分裂のための DNA 合成が開始されるまでには，数時間の隔たりがある。Ca/EGTA 溶液のマイクロインジェクションでは，減数分裂のための DNA 合成の誘導までは確認されなかった。マイクロインジェクションによる Ca クランプの継続時間が十分長く保たれていないことが原因の一つに挙げられている。

だが，別の解釈として，減数分裂コースに入るためには，Ca イオンに加えて別の種類のセカンドメッセンジャーが関係している可能性も考えられる。継続的な接合対の形成では，Ca イオンのほかに複数のセカンドメッセンジャーを差次的に生成することによって，小核の減数分裂への進行を何段階にも分けて制御しているのかもしれない。

6 細胞融合

学習の目標

1. 細胞融合の基本的概念を理解する。
2. 細胞融合の利用方法について理解する。

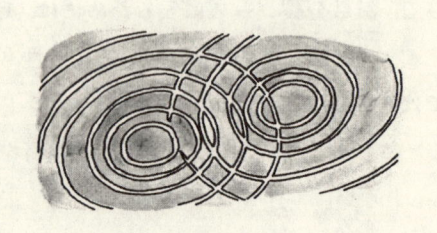

6.1 センダイウイルスを用いた細胞融合

6.1.1 細胞融合の特徴

　細胞融合は二つ以上の細胞が融合して，最終的には一つの細胞になる現象である。細胞を人為的に融合させる実験手法が開発されたのは1958年のことであった。この実験では，センダイウイルス（Sendai virus, HVJ ともいう。HVJ は hemagglutinating virus of Japan の略）が細胞膜の融合を誘導する作用因子として使われた。以来，センダイウイルスを用いた細胞融合法は培養細胞系における遺伝学（体細胞遺伝学）を可能にした。

　種の異なる細胞同士が融合すると，細胞分裂を繰り返していくうちに一方の細胞由来の染色体が選択的に融合細胞から失われていく現象が起こる。こうして，最終的には一方の細胞の染色体が1本から数本しか残らない細胞（他方の染色体は正常に残っている）になる。このような細胞の性質を調べることによって，残った染色体に存在する遺伝子の機能や性質を調べることが可能となった（図6.1）。

　例えば，ヒトとマウスの細胞を融合させると，マウスの染色体は残りヒトの染色体が選択的に失われていく。それぞれの融合細胞に残る染色体の種類はランダムに決められるので，ヒト染色体を1本ずつしか持っていない融合細胞をたくさん調べればすべてのヒト染色体についての情報を集めることができる。このようにしてヒトの染色体に存在する遺伝子の地図（genetic map）が作製された。

6.1.2 細胞融合のメカニズム

　細胞融合を誘導する外的な因子は，センダイウイルスの外膜である。また，細胞融合はエネルギーを必要とするため，低温では起こらない。さらに，外部から Ca イオンを供給することも必要である。センダイウイルスは細胞のいちばん外側に脂質二重層の外膜（エンベロープ，envelope）を持っている。エンベロープには，細胞融合に関係する2種類の膜タンパク質が組み込まれてい

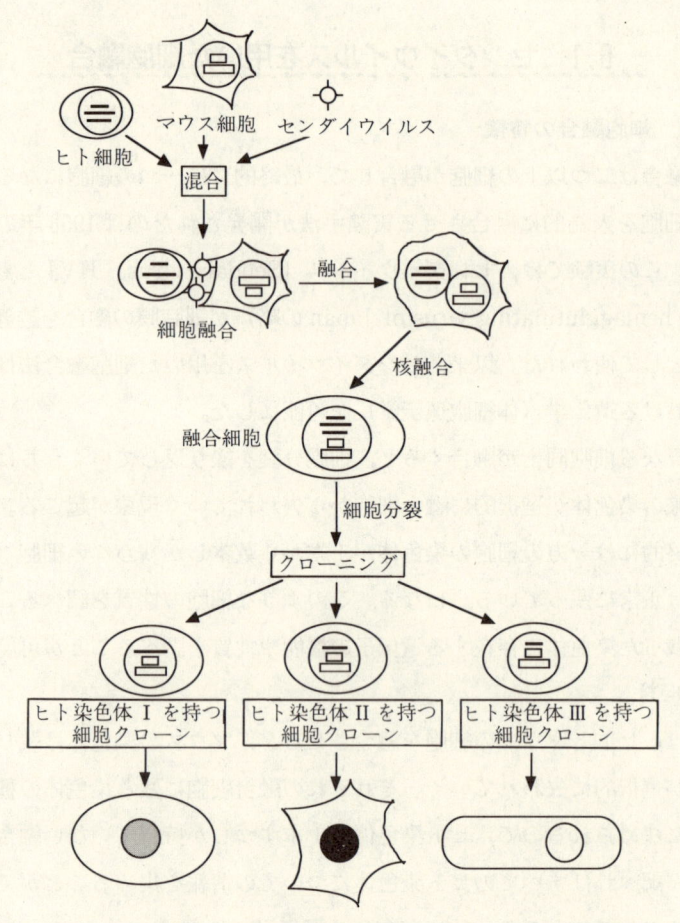

図 6.1 細胞融合による染色体のクローニング。マウス由来の培養細胞株とヒト由来の培養細胞株を用いて細胞融合を誘導すると，マウスとヒトの染色体を持った融合細胞ができる。融合細胞は細胞分裂を繰り返していくうちに，マウス由来の染色体は保持するがヒト細胞由来の染色体をしだいに捨てていき，ごく少数のヒト染色体だけがランダムに残るようになる。このような細胞をクローニングしてある特定のヒト染色体を持った細胞集団を作ることができる。それぞれの細胞の形質を調べることによって，ヒト染色体上にある遺伝子の働きを特定することができる。

る．そのうちの一つはNHタンパクと呼ばれる．このタンパク質は赤血球と混合すると赤血球を凝集させる活性がある．また，糖分解酵素であるノイラミニダーゼとしての活性もある．これら二つの生理活性はウイルスが細胞に吸着するのに重要な役割を果たしている．もう一つのタンパク質はFタンパクと呼ばれ，膜融合反応に重要な役割を果たしている．

センダイウイルスによる細胞融合のプロセスは次のように考えられている．

第一段階：15°Cでの反応

① センダイウイルスはNHタンパクによって標的細胞の表面にあるシアル酸に結合する．
② ウイルスが標的細胞に吸着すると標的細胞は互いに接近して，凝集塊を作る．
③ 標的細胞がウイルスを挟むようにして接近すると，次にウイルスのFタンパクが標的細胞の細胞膜に入り込む．

第二段階：37°Cでの反応

④ 温度を37°Cに上げると，Fタンパクは標的細胞の細胞膜を構成しているコレステロール分子を包み込むように集合する．
⑤ その結果，細胞膜の構造が変化し，Caイオンが細胞内に流入する．
⑥ Caイオンは一時的に細胞骨格系の分子構築を崩し，膜タンパク質の移動を自由にする．
⑦ 自由運動ができるようになった多くの膜タンパク質は局所的に集合して，クラスター（cluster，分子が密に集合した状態）を形成する．
⑧ その結果，細胞膜のある部分は，脂質二重膜が露出する．
⑨ 露出した脂質二重膜が互いに接近すると膜融合が起こり，二つの細胞膜は融合して一つの連続した脂質二重膜となる．

このようにしてできた融合細胞は，はじめは多核（apocyte）である．融合細胞はすべてが生き残るわけではない．細胞融合の次には核融合が起こらなければならないが，核融合は核の分裂周期が同調して，同時に核分裂期（metaphase，M期）を経た核の間でだけ起こる．核融合が起こり，両方の染色体が

122   6. 細胞融合

混じり合って一つの核になった細胞だけが融合細胞として生き残る。核の分裂周期が同調しないと融合細胞はできないので，4個以上の細胞が融合して1個の融合細胞ができるということはまれである。

6.2 センダイウイルス以外の細胞融合

センダイウイルスが感染するために吸着する細胞は，シアル酸（sialic

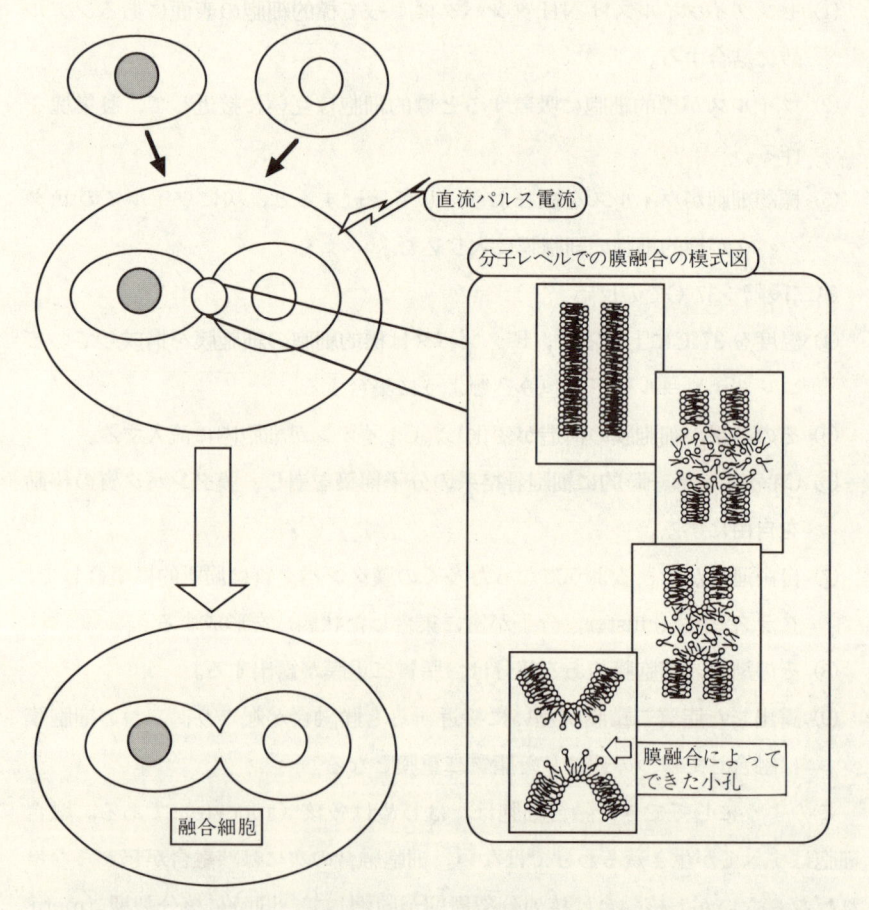

図6.2 電気的刺激による細胞融合。二つの細胞を接触させておいて，直流パルス電流を流したときに形成される膜融合の分子モデル。

acid) というある特別なレセプター（receptor）を持っている。したがって，センダイウイルスのレセプターがない細胞では，このウイルスを使って細胞融合を誘導することはできない。そこで，このような細胞のために別の細胞融合法が開発された。ポリエチレングリコール（polyethylene glycol, PEG）や電気的な刺激を利用する方法である。

細胞をポリエチレングリコールで処理すると，センダイウイルスの場合と同じような膜タンパク質のクラスター形成が見られる。したがって，ポリエチレングリコール法は基本的にはセインダイウイルスの場合と同じ仕組みで細胞融合を誘導するものと考えられている。

電気的な刺激による細胞融合は，細胞を十分に接近させておいて瞬間的に高い電圧をかける方法である。高電圧をかけられると，細胞膜の脂質二重構造が大きく乱れ，電圧の低下に伴って修復過程が進行する。このとき，接近した細胞同士では細胞膜が融合し，その結果，一つの大きな細胞になる（図6.2）。

6.3　遺伝的相補性テスト

細胞融合の技術は突然変異細胞同士での遺伝的相補性テストを可能にした。同じような表現型を持つ突然変異細胞が異なる実験系で独立に見つかった場合に，それらが同じ遺伝子座に変異が生じているのかどうかは細胞融合によって調べることができる（図6.3）。

例えば2種類のガン細胞があったとする。これらの細胞を融合させ，融合細胞の性質を調べたところ，野生型の細胞が現れてきたとする。この結果から，問題のガン細胞同士は互いに異なる遺伝子座に突然変異が生じたものであるということがわかる。

このようにして，一連のガン化した細胞株で相補性テストを行うと，何種類のガン遺伝子が関係しているかを推定することができる。細胞融合を用いた相補性テストは遺伝病の解析などにも応用されている。

124　6. 細胞融合

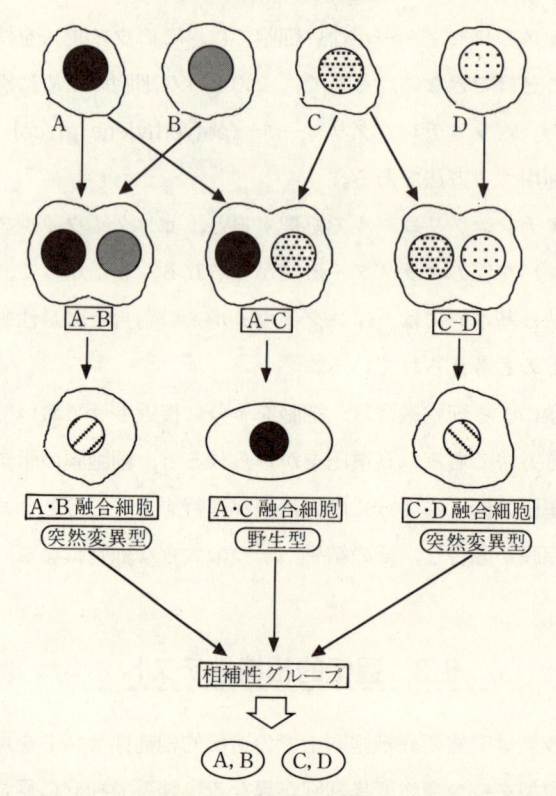

図 6.3 細胞融合による相補性テスト。独立に生じた劣性突然変異体が互いに似たような形質を示す場合，細胞融合によってそれぞれの突然変異が同じ遺伝子に生じたものか，異なる遺伝子に生じたものであるのかを判定することができる。二つの突然変異株を融合してできた細胞が，突然変異のままである場合には同じ相補性グループに，また，野生型に戻った場合には異なる相補性グループに分類される。

6.4　モノクローナル抗体の産生

　細胞融合法が免疫学に応用されて細胞生物学の発展に計り知れない貢献をした例として，ハイブリドーマ（hybridoma, 雑種細胞）によるモノクローナル

抗体（monoclonal antibody）産生法がある。この方法は，分裂能力は低いが抗体を産生する細胞と抗体産生能力はないが分裂能力の高いガン細胞とを融合させて，抗体産生能力と分裂能力の両方を兼ね備えた細胞を作る手法である。モノクローナル抗体を産生する細胞は，免疫学にとどまらず，広く生物学や医学の分野でも利用されている。

モノクローナル抗体産生の原理は，抗体産生細胞であるB細胞（spleen B cell）と骨髄細胞由来のガン細胞である骨髄腫細胞（myeloma）を融合して，抗体を産生しながら増殖を続けるハイブリドーマを作ることである。ハイブリドーマは適切な培養条件を選ぶことによって，単一のB細胞由来のクローンとして樹立することができる。このようにして株化されたハイブリドーマはただ1種類の抗体だけを産生する細胞となる。

次に，マウスを例にとって，モノクローナル抗体を産生するハイブリドーマの作り方について述べる（図6.4）。まず，目的とする抗原をマウスに注射し，免疫反応を誘導する。マウスに免疫能が確立したら，脾臓を取り出し，B細胞からなる細胞集団を調製する。この細胞集団をマウス骨髄腫細胞と混合し，細胞融合を誘導する。細胞融合によってできたハイブリドーマは希釈して培養し，単一のハイブリドーマ由来の細胞クローンを作る。最後に，このようにして樹立したクローンの中から，目的の抗体を産生するハイブリドーマを選別する。

モノクローナル抗体を利用した治療法の一つとして，ガン細胞に対する抗体療法が盛んに研究されている。問題のガン細胞を注射して免疫したマウスからB細胞を取り出し，マウス骨髄腫細胞と細胞融合を行ってハイブリドーマを作る。ハブリドーマの中からガン細胞に対する抗体を産生しているクローンを選び，培養液から抗体を精製する。ガン細胞に対する抗体は，ガン細胞に結合することによって，種々の化学的な反応を誘導し，ガン細胞に致命的な損傷を与える。ガン細胞に対する高い損傷作用を持つモノクローナル抗体はまだ完成の域には達していないが，将来可能性の高い方法として注目されている。

6. 細 胞 融 合

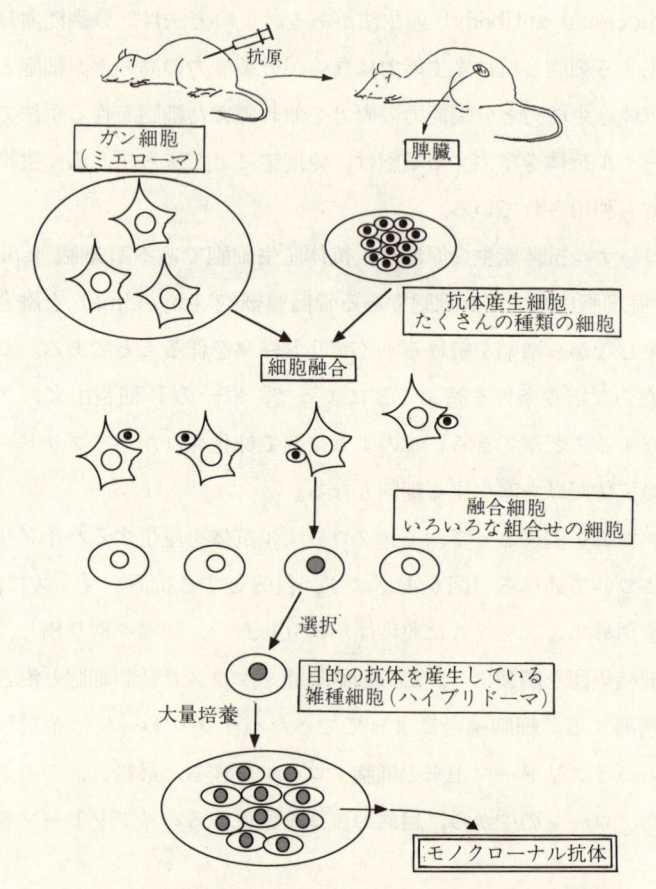

図 6.4 抗体産生細胞とガン細胞の融合によるモノクローナル抗体の産生。細胞融合法によって，抗体を産生するように分化した細胞にガン細胞の分裂能力を付与して，抗体産生細胞を大量に培養する方法が開発された。通常一つの抗体産生細胞は1種類の抗体しか作らないので，1個のガン化した抗体産生細胞をクローニングすると，ただ1種類の抗体だけを産生する細胞集団を作ることができる。このようにして産生された抗体をモノクローナル抗体と呼ぶ。

6.5 赤血球ゴースト法による細胞内導入

　細胞融合の応用としては，赤血球（erythrocyte, red cell）やリポソーム（liposome）を細胞と効率よく融合させることによって，物質を細胞の中に注入する方法が開発された（**図6.5**）。赤血球やリポソームは分子量の大きな化合物でも内部に封入することができるので，この方法を用いれば酵素や抗ガン剤など，自然状態では細胞に取り込まれにくい物質でも効率よく細胞内に導入することができる。この手法は，ガンの治療などに応用されている。

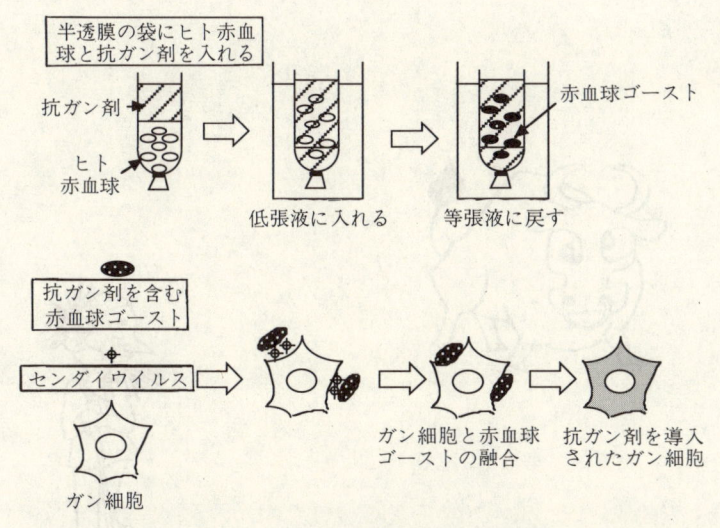

図6.5 赤血球ゴーストによるガン細胞への抗ガン剤導入。赤血球に浸透圧処理を施すことによって，赤血球内に物質を封入することができる。このようにして調製した赤血球を赤血球ゴーストと呼ぶ。抗ガン剤を封入した赤血球ゴーストとガン細胞を融合させることによって，抗ガン剤をガン細胞に大量に導入することができる。

7 遺伝子クローニングと遺伝子導入

学習の目標

1. 遺伝子の概念と DNA の化学的性質について理解する。
2. 遺伝子クローニングの基本的な方法について理解する。
3. 遺伝子導入法について理解する。

7.1 遺伝子クローニングの基本的戦略

遺伝子クローニング（gene cloning）は組換え DNA 技術（recombinant DNA technology）の一つである。組換え DNA 法については多くの優れた入門書や実験マニュアルが出版されているので，ここでは基本的な概念についてだけ述べる（**図 7.1**）。

「遺伝子をクローニングする」とはどういうことか。遺伝子という語は広範な分野で用いられており，その意味するところも多岐にわたっている。しかし，遺伝子クローニングという場合の遺伝子は意味が限定されており，普通はアミノ酸配列を指定する一まとまりの DNA 塩基配列のことを指す。また，遺伝子クローニングの場合のクローニングとは，単一の DNA 分子の塩基配列をもとにして大量の複製コピーを作る操作を意味する。

7.2 標的遺伝子の調製

遺伝子をクローニングするためには，まず，目的とする遺伝子（標的遺伝子，target gene）の DNA 鎖を用意しなければならない。これには主に三つの方法がある。

① 目的とする遺伝子を含んだ DNA 断片を細胞から抽出する方法
② 目的の遺伝子に対応する mRNA を細胞から抽出し，逆転写酵素を使って cDNA（complementary DNA）を合成する方法
③ アミノ酸配列をもとにして対応する塩基配列を推定し，DNA 鎖を化学合成する方法

7.3 標的遺伝子の増幅

クローニングする DNA 鎖の準備ができたら，次は大量に複製コピーを作るステップに入る。遺伝子を増幅する方法は二通りあり，細胞を利用する方法

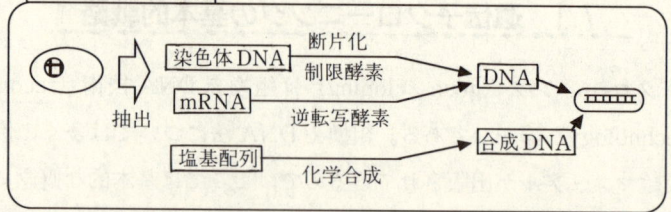

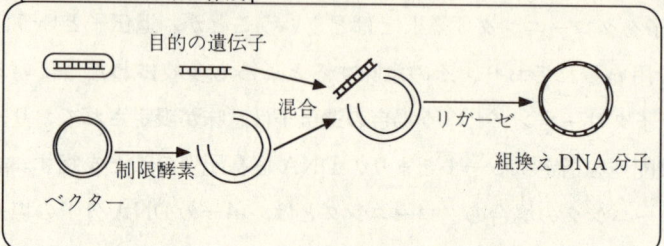

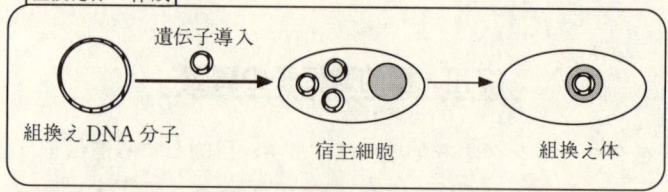

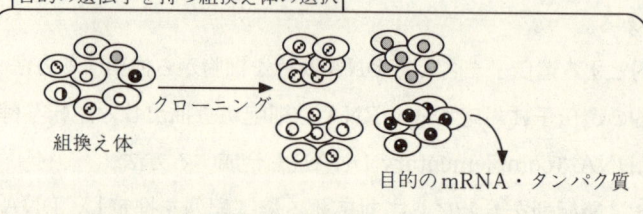

図 7.1 遺伝子をクローニングする基本的な方法。遺伝子クローニング法は 4 段階に分けられる。目的の遺伝子の調製では，対象とする細胞から目的の遺伝子に関する塩基配列の情報を取り出し，二重鎖 DNA の形にする。ベクターとしては様々な特性が組み込まれたものが市販されているので，使用する細胞や目的の遺伝子の特徴に応じて選択する。

と，酵素を用いた化学反応による方法である．

7.3.1 大腸菌を用いた遺伝子増幅

大腸菌の中で遺伝子を大量に増幅するためには，まずベクター（vector）を用意しなければならない．ベクターとは運び屋という意味で，クローニングするDNA鎖を宿主細胞の中で複製するための「装置」である．ベクターには環状のプラスミドやファージDNA（phage DNA）が主として使われている．ベクターに必要な遺伝情報としては，①宿主細胞での複製開始塩基配列，②形質転換を示す標識遺伝子，③クローニングする遺伝子を組み込む場所，の三つがある．

次に，ベクターにクローニングするDNA鎖を組み込む．このとき使う酵素は，制限酵素（restriction enzyme）とDNAリガーゼ（DNA ligase）である．制限酵素は，ある特定の塩基配列を認識してその部分のホスホジエステル結合を切断する酵素である．制限酵素を用いてベクターの組込み部位を切断し，標的DNA分子を組み込む．この反応は塩基対間の水素結合によって保持されているので，次にDNAリガーゼで共有結合の形成を促す．こうして，標的遺伝子を組み込んだベクターができあがる．

7.3.2 ポリメラーゼ連鎖反応

ポリメラーゼ連鎖反応（polymerase chain reaction, PCR）はDNAポリメラーゼを用いて標的遺伝子を試験管の中で大量に増幅する方法である．PCRは標的遺伝子（この反応系では鋳型として働くので鋳型DNA（template DNA）と呼ばれる），プライマー（primer），4種類のヌクレオチド，DNAポリメラーゼの4種類の成分（化合物）によって行われる自動的な反応である．

プライマーは標的遺伝子の中のある塩基配列をもとにして合成された短い（十～数十塩基）DNA鎖である．PCRは

① 標的DNAの解離による一本鎖DNAの形成

② 一本鎖DNAへのプライマーの結合

③ DNAポリメラーゼによるプライマー DNA 鎖の伸長反応

④ 伸長反応の停止と一本鎖 DNA の形成

の4段階がワンセットになっている。これらの各ステップは反応液の温度によって制御されている。

PCR の効率と正確性はいくつかの要因によって決まる。まず，鋳型 DNA とプライマーの相補的な対合の強さが重要である。プライマーの塩基配列が鋳型 DNA の配列と高い相同性を持っていること，および安定した対合が形成されるのに十分な長さが必要である。また，DNA ポリメラーゼの酵素活性が十分に高いこと，温度変換が正確に行われることなども重要な条件となる。

7.4 宿主細胞への導入

ベクターに組み込まれた標的遺伝子は，増幅させるために宿主細胞に導入される。宿主細胞としては大腸菌が最も多く使われている。ベクターが宿主細胞に入ったかどうかはベクターの中の標識遺伝子の発現で確認する。標識遺伝子には抗生物質（antibiotic）に対する抵抗性の高い薬剤耐性遺伝子（drug resistance gene）を用いるのが普通である。薬剤耐性遺伝子を用いると，抗生物質を培地の中に加えておくことによって，ベクターを保持した宿主細胞だけを選別することができる。ベクターを保持した宿主細胞は抗生物質を含む培地の中で増殖し，それぞれの細胞の中では，ベクターが大量に生産される。

7.5 形質転換細胞の選別

次に，標的遺伝子を持った宿主細胞を単離して，大量培養を行う。このようにして，短時間のうちに，目的とする DNA だけが大量に複製コピーされることになる。単一の DNA を用いて遺伝子クローニングをスタートした場合には大量培養した宿主細胞からベクターを抽出し，標的遺伝子を精製すればよい。

ところが，cDNA ライブラリーを用いた場合のように複数の遺伝子を含む

実験系では，形質転換細胞の中からさらに目的とする標的遺伝子を持つ細胞だけを選別する必要がある。遺伝子クローニングの過程で最も重要で，難しい要素を含んでいるのが，目的の遺伝子を持った宿主細胞クローンを選択する段階である。選択の目安として，目的とする遺伝子から合成されたタンパク質に注目する方法と，DNAの塩基配列に注目する方法の二つがある。

　タンパク質を調べる方法は，タンパク質の生理活性を指標とする場合が多い。例えば，酵素活性やホルモン活性などである。また，あらかじめタンパク質に対する抗体を作っておき，抗原抗体反応を利用して選択する方法もある。

　DNAの塩基配列を指標にする場合には，タンパク質のアミノ酸配列をもとにして，対応するDNAを合成する方法がある。このようにして合成されたDNA分子はプローブ（probe）と呼ばれ，このプローブと交雑するベクターを持つ宿主細胞を選別する。

7.6 遺伝子クローニング法の役割

　遺伝子クローニング法は，基礎生物科学と応用科学の両分野で重要な実験手法となっている。例えば，基礎的な分野では，遺伝子の構造と機能に関する解析で非常に重要な役割を果たしてきた。具体的には，細胞分化，発生過程，免疫機構，ガン発生の分子機構，脳神経系の分子機構，進化の基本原理などの広範な領域で，理解が格段に深まった。

　応用の分野では，第一次医薬品（遺伝子から合成される生理活性を持つタンパク質やペプチド）の開発や新しい品種の改良などで，めざましい発展が遂げられている。

7.7 遺伝子導入

　遺伝子導入法は細胞工学で用いられる最も重要な実験手法の一つである。組換えDNA技術によって，ある特定の遺伝子を大腸菌やPCR法によって大量

に生産することができる。クローニングした遺伝子の塩基配列も容易に決定することができる。この遺伝子から合成されるタンパク質のアミノ酸配列も推定することができる。また、問題の遺伝子が他の生物に存在するか否かということも知ることができる。しかし、その遺伝子が細胞の中で実際どのような働きをするかという問題は、直接細胞の中に入れてみなければわからない。遺伝子導入法は遺伝子の機能を直接的に把握する上で必須の実験手法なのである。

遺伝子導入法には、リン酸カルシウム沈殿法、デキストラン法、リポフェクション法などの化学的な方法や、電気穿孔法、マイクロインジェクション法などの物理的な方法、プロトプラスト融合法、細胞融合法、ウイルス法などの生物的な方法がある（図7.2）。

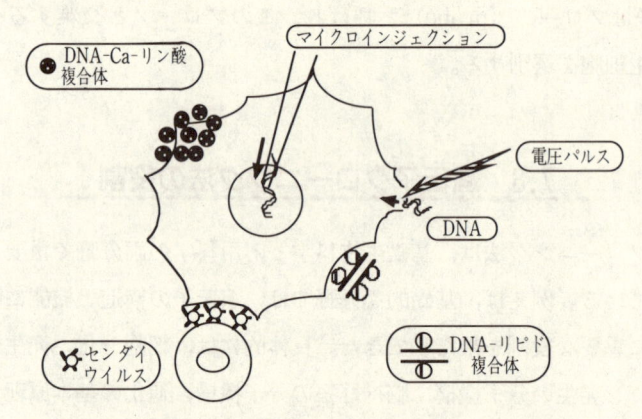

図7.2 遺伝子導入法。細胞に遺伝子を導入する方法をまとめた概略図。標的細胞の特徴、例えば付着性、浮遊性、運動性、培養系、生体内組織などによって最も適した方法が選ばれる。

7.7.1 リン酸カルシウム法

DNAをカルシウムの存在下でリン酸緩衝液に溶かすと、リン酸カルシウムと結合して共沈殿を形成する。DNA-リン酸カルシウム共沈殿はDNAの濃度やpHによって様々な大きさのものができるが、遺伝子導入に最適な共沈殿のサイズは直径が数 μm の微粒子のときである。共沈殿の形状は顕微鏡で観察

して確認することができる。

　DNA-リン酸カルシウム共沈殿は細胞の表面に付着すると，細胞の貪食作用によって細胞内に取り込まれる。リン酸カルシウム法で細胞内に導入されたDNAが遺伝子発現をするまでの経路はよくわかっていないが，細胞の種類によってはDNA-リン酸カルシウム共沈殿が細胞表面に付着した際に，高張液で短時間処理すると遺伝子導入の効率が飛躍的に上昇する場合もある。

　リン酸カルシウム法で誘導された形質転換細胞はほとんどの場合，一過性の遺伝子発現を示す。これは多くの場合導入された遺伝子が染色体DNAに組み込まれてはいないためと考えられている。一過性の形質転換細胞が安定した形質転換を示す細胞に移行するのは，せいぜい1％程度である。

　安定形質転換細胞を高率に誘導するために，様々な工夫がなされている。例えば，核に能動的に輸送されるタンパク分子の構造には，核移行シグナルと呼ばれるアミノ酸配列が組み込まれている。この核移行性のタンパク分子と一緒にDNAを導入する方法である。今後，細胞内でのタンパク質やDNAなどの高分子化合物の輸送の仕組みに関して分子レベルでの理解が深まるにつれ，遺伝子導入の効率も上昇するものと思われる。

7.7.2　DEAE-デキストラン法

　DEAE-デキストランはデキストランにジエチルアミノエチル（DEAE）基を導入した多糖体で，中性付近の溶液中では正の荷電を持つ。このため，DEAE-デキストランとDNAを混合すると，両者は複合体を形成して沈殿する。また，DEAE-デキストラン・DNA複合体は細胞表面に広く分布しているシアル酸残基（負の電荷を持つ）と結合する性質も持っている。

　DEAE-デキストラン法はDEAE-デキストランの持つDNAと細胞表面の両方に対する親和性を利用して，遺伝子を導入する方法である。この方法も，リン酸カルシウム法と同様，DEAE-デキストラン・DNA複合体が細胞表面に付着した際，高張液で短時間処理すると形質転換細胞の誘導率が大きく上昇する。

DEAE-デキストラン法の詳しい分子機構はほとんどわかっていない。多くの場合，対象とする細胞を使って予備実験を行い，DNA濃度，DNAとDEAE-デキストランとの混合比率などの最適条件を探す必要がある。

7.7.3 リポフェクション法

一般に，細胞の表面はタンパク分子や糖鎖が持つ電荷によって，中性付近の溶液中では負に帯電している。このような細胞表面の電気的な性質を利用して遺伝子を導入するのがリポフェクション法である。この方法では，正電荷を持つ合成脂質であるDOTMA（N{1-(2,3-ジオレイルオキシ)プロピル}-N, N, N-トリメチルアンモニウム）がDNAのキャリヤーとして使われる。

DOTMAを使って調製したリポソームとDNAを混合すると両者の静電的な結合によって複合体が形成される。この複合体を細胞に与えると，複合体は細胞の負の電荷を帯びている部分と結合し，その結果細胞膜と融合したり食作用によって細胞に取り込まれて，遺伝子が細胞内に入ることになる。

この方法は様々な細胞に広く適用できるように調製されて，リポフェクションという商品名で市販されている。DOTMAは細胞膜の構造を乱す作用が強いため，使用する際には細胞ごとに最適濃度を検討する必要がある。

7.7.4 電気穿孔法

細胞を電場の中に置くと，細胞膜は電場の影響を受けて分極し，膜電位が生じる。電場の強度を上げて，膜電位が1Vを超えるようにすると細胞膜の透過性は急激に上昇することが知られている。このとき，細胞膜の脂質二重膜構造は部分的に破壊された状態になり，物質の出入りがかなり自由になるものと思われる。また，電場の強度を下げると，脂質二重膜構造が復元され，完全な半透性の細胞膜が再形成される。

細胞膜のこのような物理的な性質を利用して遺伝子を導入する方法が，電気穿孔法である。これは細胞浮遊液とDNA溶液を混合して一定の強さの電場をかけるだけの簡単な方法である。この方法はリン酸カルシウム法やDEAE-デ

キストラン法が適用しにくい浮遊性の細胞に遺伝子を導入する方法として特に有効である。

電気穿孔法による遺伝子導入の効率は，細胞の生存率とDNAの形状によって大きく変動する。細胞の生存率は電場の強さに逆比例し，また外液のイオン組成の影響も強く受ける。一方，DNAに関しては，濃度，分子量，直鎖状か環状などの要因が重要である。

一般に，電気穿孔法は操作が極めて簡単で，しかも短時間で行うことができるため，たくさんのセットの実験を処理することができる。したがって，多くの場合，考えられる条件を様々に設定して組み合わせることによって，最適条件を見つけることができる。

電場の中で構造が破壊された細胞膜の修復過程は一定の時間を必要とする。培養細胞の場合には，37°Cでの保温状態でも数十分を要するという報告もある。したがって，電気穿孔法で処理した細胞が速やかに細胞膜を修復するために，処理後の保存条件や培養条件を注意深く検討することも重要な要件の一つである。

電気穿孔法の利点は操作が簡単なので，効率のよい条件を設定できれば高い再現性をもって遺伝子導入を行うことができる点にある。しかし，遺伝子導入に用いるDNAの大きさには上限があり，多くの場合，10 kb程度のプラスミドが限界である。

7.7.5 マイクロインジェクション法

マイクロインジェクションの基本的な装置と定量法については5章で述べたが，ここでは培養細胞，受精卵，植物細胞に対して行う場合について述べる。

培養細胞にマイクロインジェクションを行う場合には，倒立顕微鏡を用いる。ガラス針は細胞の真上または斜め上から刺すのが一般的である。DNAやRNAなどを注入する場合には，あらかじめガラス針に試料を注入しておき，先端の直径が$2 \sim 3\,\mu m$になるようにガラス針を折ってから使う。この場合，ガラス針に押出し用のチューブを取り付けなくても，針の先端を細胞の中に挿

入すると試料は自然に細胞内に流入する。

　培養器に付着する細胞の場合には，上述の方法でそのまま注射できるが，浮遊性の細胞の場合には，細胞を培養皿に物理的に固定する工夫が必要である。また，受精卵や大型の植物細胞の場合には，固定用のガラス針に細胞を吸引して固定し，反対側から注射用の針を用いて試料を注入する。

　マイクロインジェクション法では，一度に大量の細胞に注射することはできないが，個々の細胞に確実に注射することができるので，注射の成功率は他の方法に比べて極めて高い。

7.7.6 プロトプラスト融合法

　大腸菌などの細菌は，一般に細胞表面が細胞壁で覆われている。細胞壁は細胞融合が自然に起こるのを防ぐバリヤーにもなっている。ところが，リゾチームで大腸菌を一定時間処理すると，細胞壁がはずれて細胞はプロトプラストになる。このようにして調製したプロトプラストは動物細胞に遺伝子を導入する格好の運び屋となる。

　あらかじめ大腸菌に目的の遺伝子を組み込んだプラスミドを感染させておき，リゾチームで処理してプロトプラストを調製する。このプロトプラストと標的細胞（主に動物細胞）を混合し，ポリエチレングリコールなどを用いて細胞融合を誘導すると，大腸菌プロトプラストと標的細胞による融合細胞ができる。その結果，大腸菌内のプラスミドは標的細胞内に取り込まれることになる。

　この方法は，大腸菌からプラスミドを単離・精製する過程を省くことができるので簡便であるが，大腸菌の細胞成分も大量に標的細胞に取り込まれることになるので，目的とする遺伝子の性質によっては十分な予備実験を行う必要がある。

7.7.7 ウイルス法

　ウイルスは細胞に感染して，自己増殖を行う。ウイルスが感染する細胞を宿

主細胞と呼ぶが，ウイルスはどんなタイプの細胞にでも感染するのではなく，細胞表面にある特定の分子を持つ細胞だけを標的としている。したがって一般にウイルスと宿主細胞との間には非常に特異性の高い相互作用が働いている。ウイルスの持つこのような高い認識能力を利用して，細胞に遺伝子を導入する方法がウイルス法である。

レトロウイルスやワクチニアウイルスは，宿主細胞のゲノム DNA の中に入り込んで安定した形で維持される性質を持っている。そこで，ウイルスゲノムの中に導入したい遺伝子を組み込んで細胞に感染させ，目的の細胞に目的の遺伝子を導入する方法が開発された。

この方法はウイルスの持つ感染能力を利用しているため，遺伝子を導入して宿主細胞に形質転換を誘導する効率が高いのが特徴である。しかしながら一方で，標的となる細胞はウイルスが識別できる細胞に限られるという制限もある。

7.8 効率的な遺伝子導入の条件

外来の遺伝子が細胞の中に入り，首尾よく転写が行われると mRNA が合成される。さらに，合成された mRNA の翻訳が行われるとタンパク質が合成される。外来遺伝子の遺伝情報をもとにして合成されたタンパク質が細胞の適切な場所で働くと，細胞の性質が変わり，実験者には形質転換した細胞（transformant）として検出される。したがって，遺伝子導入の効率は形質転換した細胞の割合で評価するのが一般的である。

遺伝子導入によって出現する形質転換細胞の割合は，様々な要因によって影響を受ける。DNA の形状としては，鎖状（linear form）と環状（circular form）によって同じ遺伝情報であっても効率に違いが生じる場合がある。また，遺伝子の前後にプロモーター（promoter）やテロメア（telomere）などの配列が共存するかしないかによっても大きく異なってくる。細胞の中に入る DNA 量が重要であることはいうまでもない。これらの要因は直接的に，転写

の効率，すなわちmRNAの合成量に影響を与えている。最適条件を探すにはいま述べたような要因を段階的に変えて，何度か実験を試みる必要がある。

　遺伝子導入による形質転換の効率には用いられる細胞の生理的な状態も重大な影響を与える。とりわけ，細胞のクローナルエイジと細胞周期は重要である。ガン化していないノーマル細胞ではクローナルエイジは分裂回数に依存する場合が多いので，同じ系統の細胞を使う場合でも細胞分裂の履歴は把握しておくことが大事である。また，細胞周期がS期の時期に遺伝子導入した場合に，形質転換を誘導する効率が高くなるケースが多い。

　遺伝子導入による形質転換の誘導に関しては，まだすべての細胞に当てはまる明確な理論は確立されていない。遺伝子から転写・翻訳を経て合成されたタンパク質が作用を発揮するまでの過程には多くの調節段階があり，詳しい仕組みが解明されていないステップが数多く存在しているからではないかと思われる。しかしながら，よくコントロールされている実験系では，形質転換の誘導率は再現性が高いことが多いことから，それぞれの実験系では経験則に基づくルールが確立されている場合も少なくない。

IV編　細胞機能を役立てる方法としての細胞工学

8　発　　　酵

学習の目標

1. 細胞機能の発現の基本形式を理解する。
2. 細胞機能の多様性を理解する。
3. 物質代謝の基本的仕組みを理解する。

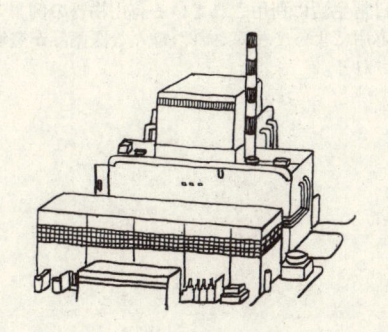

8. 発　　　酵

　発酵の歴史は古い。ワイン，チーズ，酒，味噌，醬油などは微生物の様々な働きを利用して作られた，いわばバイオテクノロジーの産物である。これらの醸造食品は微生物の天然の性質を巧みに生かすことによって，大量に生産されてきた。ところが，遺伝子操作などの新しい細胞工学的な技術を応用することによって，微生物の多彩な機能をさらに広い方面で活用することができるようになってきた。

　ここでは，細胞工学的な技術によって改良された微生物による有用物質の発酵生産について述べる（図8.1，図8.2）。

医薬品分野

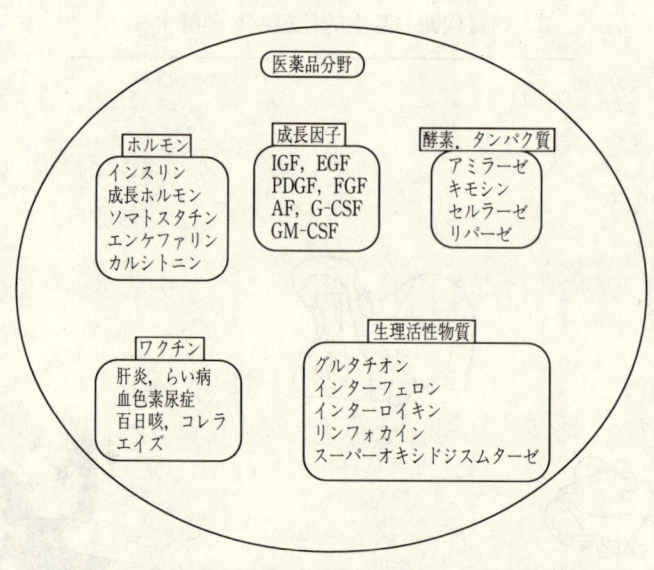

ホルモン
インスリン
成長ホルモン
ソマトスタチン
エンケファリン
カルシトニン

成長因子
IGF, EGF
PDGF, FGF
AF, G-CSF
GM-CSF

酵素，タンパク質
アミラーゼ
キモシン
セルラーゼ
リパーゼ

ワクチン
肝炎，らい病
血色素尿症
百日咳，コレラ
エイズ

生理活性物質
グルタチオン
インターフェロン
インターロイキン
リンフォカイン
スーパーオキシドジスムターゼ

図8.1　細胞工学的方法による有用物質の生産。医薬品分野で大量生産され，日常生活に利用されている有用物質の例。今後も細胞工学の応用によって生産された様々な医薬品が登場するものと予想される。

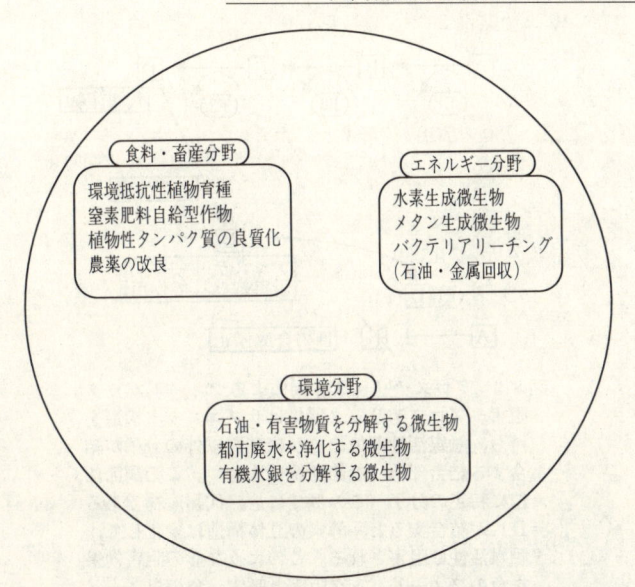

```
┌─────────────────────────────────────┐
│  ┌─食料・畜産分野─┐  ┌─エネルギー分野─┐  │
│  │ 環境抵抗性植物育種 │  │ 水素生成微生物  │  │
│  │ 窒素肥料自給型作物 │  │ メタン生成微生物 │  │
│  │ 植物性タンパク質の良質化│ │ バクテリアリーチング│ │
│  │ 農薬の改良     │  │ （石油・金属回収）│  │
│  └──────────┘  └──────────┘  │
│           ┌─環境分野─┐            │
│           │ 石油・有害物質を分解する微生物 │
│           │ 都市廃水を浄化する微生物   │
│           │ 有機水銀を分解する微生物   │
│           └──────────┘   │
└─────────────────────────────────────┘
```

図 8.2 改良植物および有用微生物の利用。食糧・畜産分野，エネルギー分野，環境分野で利用されている改良植物や有用微生物の例。この分野の進歩はめざましいものがある。

8.1 一次代謝反応を利用する発酵生産

　多くの微生物では生命活動に必要な化合物，例えばアミノ酸，ヌクレオチド，ビタミン類などはすべて細胞内で合成される。これらの微生物には簡単な単糖類を炭素源とし，アンモニア，リン酸，マグネシウム塩，その他の微量元素を含む最小培地の中で生命活動に必要な化合物をすべて合成する代謝系が備わっている。したがって，微生物のこのような生合成機能はアミノ酸をはじめ様々な有用物質の生産に利用できる可能性がある。

　ところが，細胞には，生命活動に必要な成分を過不足なく合成するために様々な調節機構が働いている。アミノ酸やヌクレオチドのように細胞の中で大量に合成される成分は，過剰に生産されないように，酵素活性のフィードバック阻害（feedback inhibition）と酵素タンパク質の合成抑制による調節が行われている（図 8.3）。したがって，微生物にアミノ酸などの大量生産を促すた

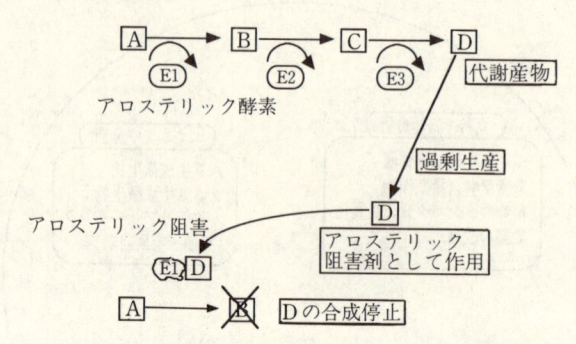

図 8.3 アロステリック酵素によるフィードバック阻害。アロステリック酵素はサブユニット構造を持ち、触媒活性部位のほかに基質以外の分子が結合する結合部位（調節部位）を持つ。この調節部位に特定の分子（この例では最終代謝産物であるD）が結合すると、酵素の立体構造は変化して、触媒活性は阻害される。このような形の阻害効果を負のフィードバック阻害と呼ぶ。負のフィードバック阻害は生体の恒常性を維持する上で、重要な役割を果たしている。

めには、このような調節機構が働かなくなるような工夫が必要となる。近年、代謝反応系の調節機構の基礎的な研究成果をもとに、様々な有用物質の発酵生産が可能となった。

8.2 アミノ酸の生産

　生命体で働くアミノ酸は20種である。そのうち、グルタミン酸、リジン、アルギニン、スレオニン、トリプトファン、フェニルアラニンなどが発酵技術によって生産されている（図8.4）。グルタミン酸の発酵生産は自然界から生産能力の高い細菌が選択されたことによって行われるようになった。またリジン、アルギニンは代謝調節変異株の確立によって生産効率が向上した。スレオニン、トリプトファン、フェニルアラニンなどは開発当初は生産効率がよくなかったが、1980年頃から遺伝子操作による生産菌の改良がなされた結果、糖を原料とした発酵生産の生産効率が向上した。

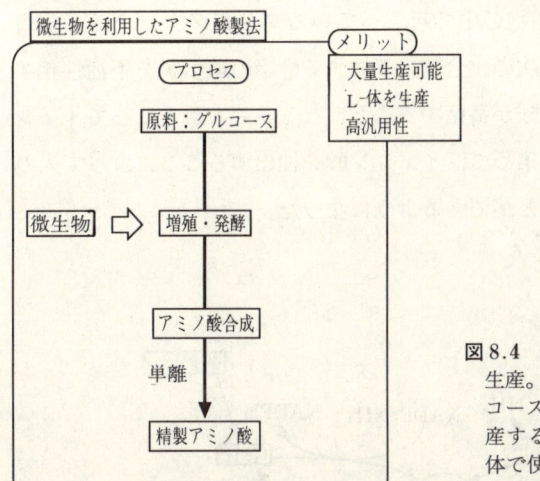

図8.4 微生物を利用したアミノ酸の大量生産。微生物の代謝系を利用して，グルコースからある特定のアミノ酸を大量生産する方法が開発された。L-体とは生体で使われているL型アミノ酸を示す。

さらに，リジンの発酵生産では細胞融合によるアミノ酸生産菌の改良がなされた。リジンの生産効率はよいが増殖の遅い細菌と，リジン生産性はないが増殖の速い細菌とを細胞融合によってかけ合わせ，生産効率の高いリジン生産菌が作られた。

8.3 ヌクレオチドの生産

ヌクレオチドは生命にとって必要不可欠な極めて重要な化合物である。遺伝情報に関係した核酸，細胞の諸機能を調節するシグナル分子，化学エネルギーの保存と利用に用いられるATPなど，ヌクレオチドなくして生命活動はありえない。一方，ヌクレオチドは人間生活においても，食品や医薬品の原材料として重要である。ここでは，ヌクレオチドの一種イノシン酸の微生物を用いた生産について述べる。

調味料に含まれるイノシン酸は，はじめは微生物で生産される酵素を用いてリボ核酸を分解することによって生産されていた。その後，アミノ酸発酵の開発に続いて，1960年からは発酵法による生産も行われるようになった。

イノシン酸はアデニル酸やグアニル酸のようなプリンヌクレオチドの前駆物

質である（図8.5）。微生物細胞の中で起こっているプリンヌクレオチド生合成経路の中で，イノシン酸を次の化合物に変換する酵素の遺伝子を不活性化すれば，細胞の中にはイノシン酸が蓄積することになる。このようにしてイノシン酸を大量に蓄積した細胞を集めて，イノシン酸を抽出することによって人為的にイノシン酸を生産することができるようになった。

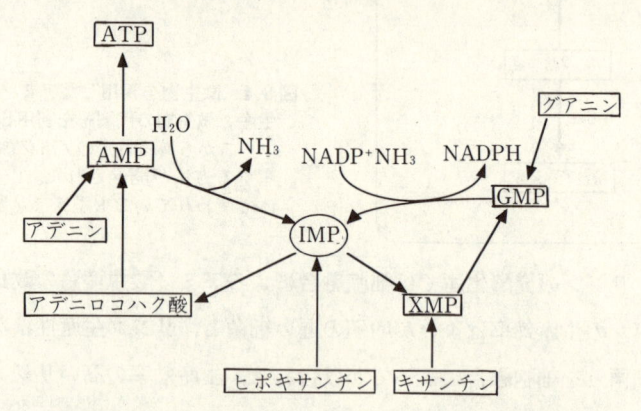

図8.5 イノシン酸を中心としたヌクレオチドの代謝経路。イノシン酸はATPやGTPなどプリンヌクレオチドの前駆体となる重要な代謝産物である。イノシン酸はIMPで表してある。経路の中でIMPからアデニロコハク酸を作る酵素やIMPからキサンチン一リン酸への反応を触媒する酵素の遺伝子を不活性化することによって，細胞内にIMPの蓄積を促すことができる。

ATPやNAD（ニコチン酸アミドアデニンジヌクレオチド）なども微生物を用いて生産されている。一般に，微生物を利用したヌクレオチドの生産は，生合成過程の詳細な理解の上にはじめて可能となるもので，特に，生合成系のフィードバックコントロールの解除の方法が重要な課題となる。

9 抗生物質・酵素・ワクチンの生産

―― 学習の目標 ――

1. 人間生活に有用な物質を分類して把握する。
2. 細胞工学的な応用の可能性を考える。

9. 抗生物質・酵素・ワクチンの生産

　放線菌（actinomycetes）は抗生物質を生産する細菌として，広く利用されている（**図9.1，図9.2**）。抗生物質，例えばカナマイシン（kanamycin）やネオマイシン（neomycin）を生産する細菌は，自分の生産する抗生物質で増殖が抑制されないように，抗生物質に対する耐性機構を持っていることが多い。このような耐性機構は生産能力と密接な関係にあり，耐性能力を向上するように改良すると，抗生物質の生産性も向上するという現象がしばしば見られる。細胞の中で行われる生合成過程の正しい理解が，目的とする物質の生産性を向上させるよい例である。

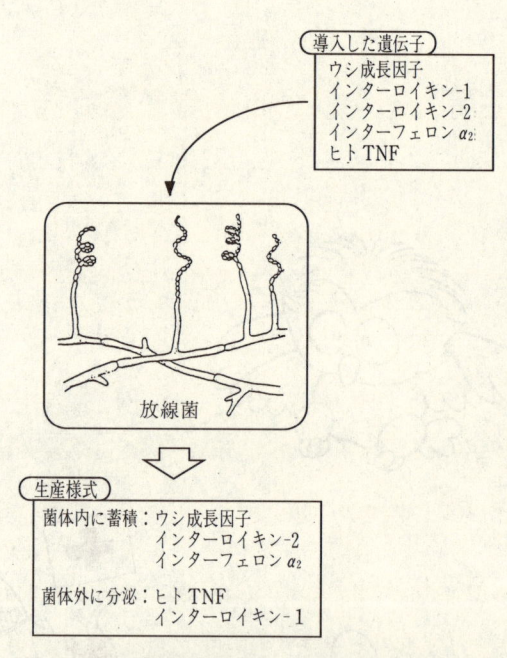

導入した遺伝子
- ウシ成長因子
- インターロイキン-1
- インターロイキン-2
- インターフェロン α_2
- ヒトTNF

放線菌

生産様式
- 菌体内に蓄積：ウシ成長因子
  　　　　　　　インターロイキン-2
  　　　　　　　インターフェロン α_2
- 菌体外に分泌：ヒトTNF
  　　　　　　　インターロイキン-1

図9.1 放線菌を利用した抗生物質の生産。放線菌に遺伝子を導入して遺伝子組換えを起こした細胞を作り，導入した遺伝子から各種抗生物質を合成する。抗生物質の生産様式には，菌体内に蓄積されるタイプと菌体外に分泌されるタイプの二通りがある。

9.1 インスリン　　149

抗生物質	遺伝子
アクチノマイシン	phenoxazine synthase
エリスロマイシン	gene cluster（遺伝子群）
ストレプトマイシン	gene cluster

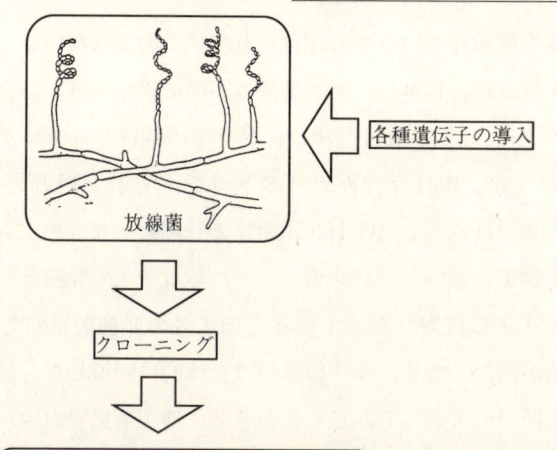

クローン化された放線菌の生合成遺伝子

図9.2　放線菌の菌体内でクローン化された遺伝子。放線菌の菌体内で抗生物質の生合成に関係する多くの遺伝子がクローニンングされている。ここにはそれらの遺伝子のうちの一部を示している。gene cluster は抗生物質の生合成に関与する一連の遺伝子の集合体である。

9.1 インスリン

9.1.1 インスリン発見の物語

　1889年，ドイツのストラスブルクでジョセフ・メーリング（Joseph von Mering）とオスカー・ミンコウスキー（Oscar Minkowski）の二人は消化の仕組みを調べるために，膵臓の機能について研究していた。ある日，二人は実験動物のイヌから膵臓を摘出した。翌日，二人の実験アシスタントは手術をされたイヌの尿の周りにハエが飛び回っているのに気がつき，二人に報告した。二人は尿の中に糖が出ているのではないかと考えた。尿にハエが集まってくることはヒトの糖尿病の一般的な症状によく似ていたのである。

　二人は，自分たちが実験的に糖尿病を引き起こしたのではないかと考え，膵臓と糖尿病の因果関係について調べてみようと思った。二人は膵臓の分泌物の

中に糖の消費を調節しているものが含まれているのではないかと考え，分泌物の抽出実験を行った。しかし，実験結果は不発に終わった。

それからおよそ30年の歳月が流れ，ドラマの舞台もヨーロッパからアメリカ大陸へと移った。1921年，カナダのトロントで若い医師のバンティング（F.G. Banting）はベスト（C.H. Best）と一緒にドイツの二人と同じように膵臓の摘出実験をしていた。バンティングたちはイヌの膵臓からの抽出物を膵臓を除去したイヌに注射した。するとそのイヌの血糖値はたちまち正常に戻り，尿には糖が出なくなり，イヌの体調は全体的に回復した。彼らは膵臓抽出物の効果を人間でテストしてみることを考え，糖尿病患者の中からボランティアを探し出し，注射の結果，患者の症状は見事に回復した。

バンティングは指導教授のマックロード（J. J. R. Macleod）に一連の実験結果を報告し，彼らは成果を発表することにした。論文は翌年 American Physiological Society Journal に掲載され，世界中の注目を集めることとなった。そして，発表した翌1923年にバンティングとマックロードはノーベル賞の栄誉に輝いたのである。二人の受賞は異例の早さであった。これは，当時糖尿病がいかに深刻な病気であったかということを物語っている。

9.1.2　インスリンの生産

インスリン（insulin）は血液中のブドウ糖濃度を下げるホルモンであり，糖尿病の治療には欠かすことのできない薬である。組換えDNA法を利用した細胞工学的な生産方法が確立されるまでは，糖尿病の治療にはブタやウシの膵臓から抽出したインスリンが用いられてきた。しかし，ブタやウシの膵臓を利用する方法には，膵臓市場が不安定であったり，長期間の投与によっては効力が低下したり，アレルギー反応などの副作用が生じるという問題点があった。

また，一人の糖尿病患者は1年間でブタおよそ50頭分の膵臓を必要とするといわれており，副作用などのないヒトインスリンの大量生産が長い間望まれていた。このような歴史的背景の中で，日本では，1986年に組換えDNA法を利用してヒトインスリンが製造され，「組換え医薬品」の第一号となった。

9.1 インスリン

　インスリンははじめ86個のアミノ酸残基からなる一本鎖のプロインスリンとして膵臓で合成される（図9.3）。その後，タンパク分解酵素の作用を受けて中間部にある35個のアミノ酸残基が切り離されて，ホルモン作用のあるインスリンとなる。インスリンは21個のアミノ酸残基からなるA鎖と30個のアミノ酸残基からなるB鎖が二つのS-S結合によって結ばれている。このようなインスリンの構造的な特徴により，インスリンの製造法は二つ開発された。一つはインスリンのA鎖とB鎖に対応する遺伝情報（DNA塩基配列）を別々の大腸菌に導入してA鎖とB鎖を作らせ，それぞれを分離・精製した

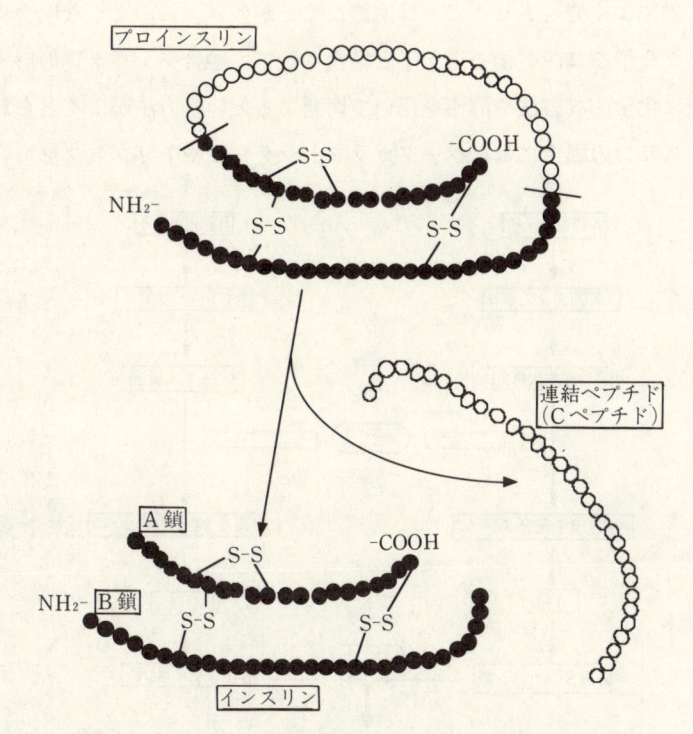

図9.3　インスリンの生合成過程。インスリンははじめ86個のアミノ酸からなるプロインスリンとして合成されるが，タンパク分解酵素の作用を受けて連結ペプチドが切り出され，インスリンになる。S-Sはシステイン間のS-S結合を示す。二つのS-S結合によりA鎖とB鎖は結合している。またA鎖内にも1個のS-S結合が形成されている。

後に両鎖を会合させる方法で，A鎖+B鎖法と呼ばれている。もう一つの方法はプロインスリン法と呼ばれている。

〔1〕 A鎖+B鎖法

A鎖+B鎖法で使われた遺伝子は化学合成で作られたDNAである。A鎖とB鎖のアミノ酸配列に対応したコドンを当てはめて，それぞれの塩基配列を設計し，A鎖とB鎖に対応するDNAが化学合成された。合成されたDNAは，大腸菌で発現させるために大腸菌のベクター，pBR 322に組み込まれた。

一般に，外来のDNAを大腸菌で発現させるとき，分子量の小さなペプチドの場合，効率よく発現させることは困難なことが多い。このような場合には他のタンパク分子をコードする遺伝子と結合させて，融合タンパク質の形で合成させ，後に化学的な方法や酵素を用いて切断するという方法がよくとられる。ヒトインスリンの場合には，ベータガラクトシダーゼやトリプトファン合成酵

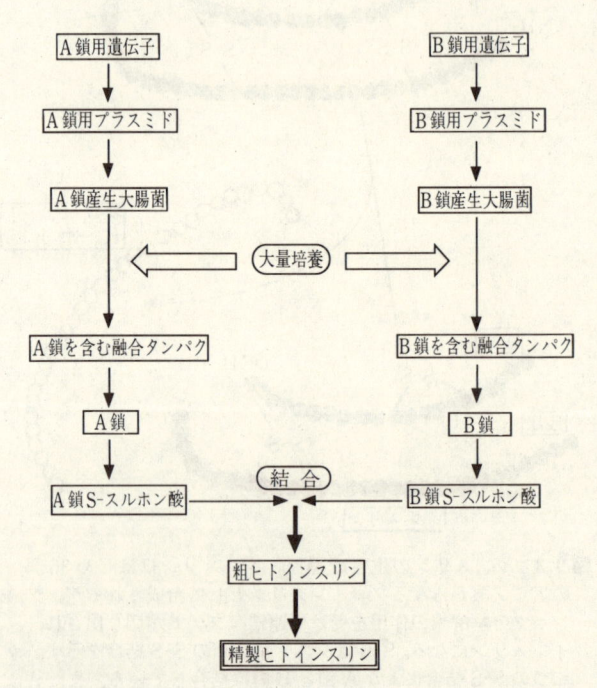

図9.4 インスリンの大量生産。A鎖+B鎖法によるインスリンの調製過程を示す。

素と融合した形で合成させる方法が確立された。

発酵生産に用いる大腸菌を作成するために，大腸菌の中で効率よく発現するように設計されたプラスミドを宿主菌（大腸菌 K-12 株）に導入し，プラスミドを保持した組換え体を単離する。次に，この組換え体を大量に培養し，大腸菌を集める。それぞれの大腸菌から A 鎖と B 鎖の融合タンパク質を分離し，図 9.4 に示すような工程でインスリン分子の合成が行われる。

〔2〕 **プロインスリン法**

プロインスリン法はプロインスリン遺伝子を大腸菌で発現させて，作られたプロインスリンから酵素反応を利用してインスリンを大量生産する（図 9.5）。

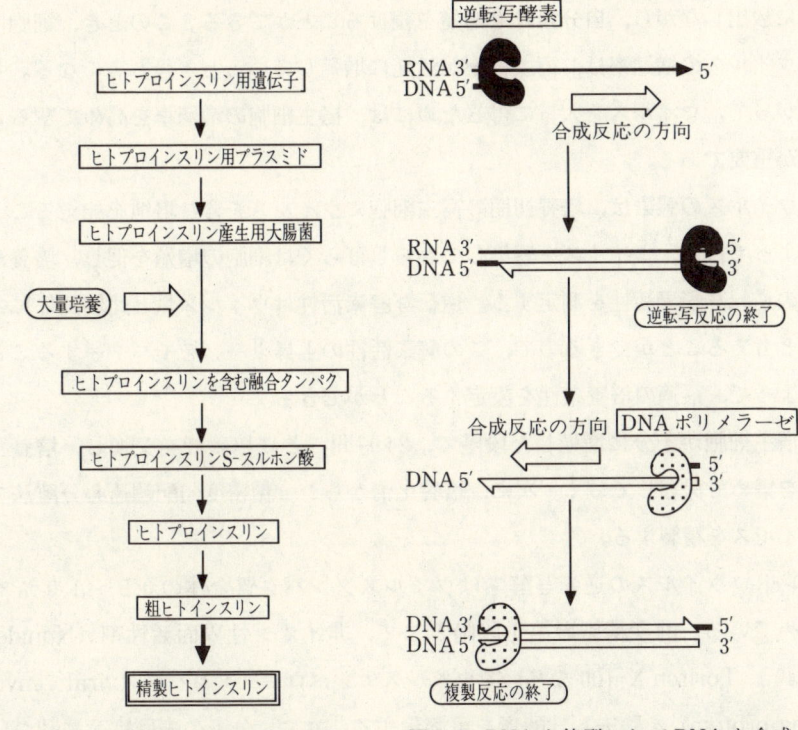

図 9.5 プロインスリン法によるインスリンの大量生産。プロインスリン遺伝子を用いてインスリンを調製する過程を示す。

図 9.6 RNA を鋳型にして DNA を合成する逆転写酵素の反応過程。この酵素は鋳型 RNA を 3′ から 5′ の方向に塩基配列を読みながら DNA を合成する。

9.2　酵素：培養細胞を用いた逆転写酵素の大量生産

　逆転写酵素はRNA依存DNAポリメラーゼ，DNA依存DNAポリメラーゼ，そしてRNA分解酵素Hの3種類の酵素活性を持つ多機能性の酵素である（図9.6）。これらの酵素活性のうちで利用価値の高いものはRNA依存DNAポリメラーゼとDNA依存DNAポリメラーゼである。

　逆転写酵素の大量生産にはレトロウイルス（retrovirus）から直接抽出し，精製する方法がとられている。ウイルスの増殖のための宿主細胞にはニワトリ胚繊維芽細胞（chick embryo fibroblast, CEFと略）がよく用いられる。一般に，レトロウイルスの感染を受けた細胞は，細胞内で増殖したウイルスを細胞外に放出しながら，自分自身も増殖を続けることができる。このとき，細胞内のウイルスの増殖率は，宿主細胞が活発に増殖しているとき最も高くなる。したがって，ウイルスを大量に得るためには，宿主細胞の増殖率を高めてやることが重要である。

　ウイルスの感染は，培養初期の宿主細胞にウイルスを含む培地を加えることによって行う。ウイルスを感染してからしばらくは細胞の増殖を促し，培養液中の逆転写酵素活性を測定する。逆転写酵素活性はウイルス量と比例関係にあると考えることができるので，この酵素活性の上昇カーブをモニターすることによって，最適の培養条件を設定することができる。

　宿主細胞が十分に増殖した段階で，24時間ごとに培養液を交換し，培養上清を集めて保存しておく。次に，培養上清からショ糖密度勾配超遠心分離法でウイルスを精製する。

　レトロウイルスの逆転写酵素はウイルスタンパク質全体の0.5～1.0％を占めている。酵素精製の第I段階として，非イオン性界面活性剤（Nonidet P-40，Toriton X-100など）でウイルスエンベロープタンパク（viral envelope protein）を除去し，酵素を可溶化する。次に，分子の表面電荷に基づいて分離するイオン交換クロマトグラフィーと分子の大きさに基づいて分離するゲルカラムクロマトグラフィーを組み合わせて，酵素を精製し，最終的に純度

の高い酵素試料が得られる。

　逆転写酵素の品質検定には，①DNA分解酵素の混入がないこと，②RNA分解酵素の混入もないこと，③他のウイルスのRNAを鋳型として実際にcDNAが正しく合成されること，などを注意深くチェックする必要がある。

　逆転写酵素の利用法の代表的なものには，①RNAからのcDNAの合成，②RNAおよびDNAの塩基配列の決定，③RNAの二次構造の解析，などがある。遺伝子工学にはなくてはならない重要な酵素である。

9.3　B型肝炎ワクチン

　B型肝炎はB型肝炎ウイルス（HBV）の感染によって引き起こされる感染症である。ウイルスは主に血液を介して個人から個人へと伝播する。感染のタイプには輸血，医療事故，性交渉などによる水平感染のほか，母子間で起こる垂直感染もある。水平感染の多くは不顕性であるが，一部は急性肝炎の形で発症し，中には劇症肝炎となって致命的な経過をとる場合もある。垂直感染は胎児にまだ免疫能が完成する前にウイルスが感染することによって起こるため，HBVに対する免疫反応は誘導されない。したがって，HBVウイルスは成人になってからも体内に存続することになる。これを持続感染と呼ぶ。

　持続感染の場合，多くの人は肝炎を発症する。持続感染者（キャリヤー）の数は全世界で約2億人と推定され，そのうちの約80％がアジア地域に集中している。キャリヤーは水平感染の感染源になる可能性を持っているため，B型肝炎の予防にはキャリヤーからのHBV感染を防止する手段が必要である。

　HBV感染の防止策として，B型肝炎ワクチンは非常に有効な方法となっている。ワクチンの材料にはウイルスのエンベロープタンパクが用いられる。このタンパクは表面抗原（HBs抗原）と呼ばれ，ウイルスが感染していない人に注射されると抗原として働く。HBs抗原に対する抗体が作られると，その後HBVウイルスが体内に侵入してきたとき，この抗体はウイルスのエンベロープタンパクを抗原として認識し，これに結合することによってウイルスが細

胞の中に侵入するのを防ぐ。

ワクチンの材料としてのHBs抗原はHBVキャリヤーの血液から調製したしたものが使われているが，この作業には大きな危険が伴う。そこで，安全で安定した供給を行うために，HBs抗原遺伝子を培養細胞や酵母に導入して，ウイルスではなくHBs抗原タンパクだけを生産する方法が開発された。

9.3.1 酵母を用いた組換え DNA 法によるワクチン生産

まず，HBs抗原遺伝子をウイルスから取り出し，大腸菌の中で増幅させ，クローニングする。次に，酵母 *Saccharomyces cerevisiae* の中で発現するプラスミドにクローン化したHBs抗原遺伝子を組み込み，酵母に導入する。酵母はプラスミドに組み込まれた遺伝情報をもとに，大量のHBs抗原タンパクを合成する。このようにして酵母の中で合成されたHBs抗原タンパクは，ウイルスによってヒトの体内で合成されたものと形態や免疫原性で同じ性質を持っていることが確かめられた。

酵母で作られたHBs抗原タンパクがワクチンとして機能するかどうかは，21～30歳の成人を対象としてテストされ，ウイルスによって作られた血液由来のワクチンと同じ程度の効果をもたらすことが確認された。

9.3.2 動物細胞を用いた組換え DNA 法によるワクチン生産

酵母を用いたHBs抗原タンパクの生産システムでは，細胞の中で合成された抗原タンパクが細胞内に蓄積されるので，ワクチンとして使用する前にこれを酵母から抽出し，精製しなければならない。この精製過程には比較的煩雑なプロセスが含まれているため，哺乳動物の培養細胞を宿主細胞にした，より簡便な生産システムが開発され，実用化されるようになった。

動物細胞を用いた方法も基本的には酵母でのやり方と同じである。マウスあるいはチャイニーズハムスターの培養細胞に，HBs抗原遺伝子を組み込んだ小さなDNA腫瘍ウイルスであるSV 40を導入すると，培養細胞の中でHBs抗原タンパクが合成される。しかし，酵母のシステムと違って，合成された

HBs抗原タンパクはやがて培養液中に分泌される。そこで培養液だけを回収することによって抗原タンパクの精製を行うことができるようになった。動物細胞のシステムでは，培養条件をととのえることによって，1日に100万細胞当り約1μgのHBs抗原タンパクを生産することが可能となっている。

9.4 抗 生 物 質

　抗生物質は医薬品として重要であるため，これまでに生産菌の改良や培養方法などに大きなエネルギーが費やされてきた。しかし，抗生物質の生合成系には複雑な反応過程が非常に多く含まれているため，生合成経路とその調節系をもとにして抗生物質を効率よく生産する微生物の改良に成功した例はほとんどなかった。

　ペニシリンの大量生産は，多数の突然変異体の中からより効率よく生産する株を選んで利用するという原始的な方法によってなされてきた。多くの抗生物質については現在でも，ペニシリンの場合と同じような戦略で生産性の向上がはかられている。

　しかし，抗生物質の中でも利用度の高いベータラクタム抗生物質は，生合成経路の遺伝子レベルでの理解が進んでいる。今後，遺伝子工学を応用して，生合成経路のフィードバックコントロールが制御できるようになれば，アミノ酸やヌクレオチドと同じように微生物を用いて大量生産できるようになるかもしれない。

Ⅴ編　生命を育む方法としての細胞工学

10　種苗産業と胚珠培養

学習の目標

1. 植物細胞を用いた細胞工学的応用について理解する。
2. 植物の持つ潜在能力について理解する。
3. 自然の浄化作用について理解する。

10.1 種苗産業

　土地や肥料，農耕機械などがどんなに優れていても，優れた種苗なくしてはよい農作物は期待できない。種苗は農業生産で最も重要な基盤をなしている。収穫量，病気に対する耐性，気候の変動に対する順応性など優れた種苗の条件はたくさん挙げられる。細胞工学は種苗産業に対してどのような貢献をしているのであろうか（図10.1）。

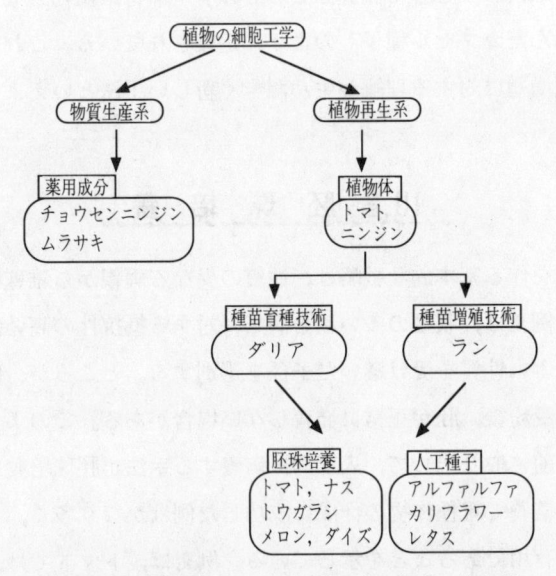

```
                植物の細胞工学
              ↙         ↘
        物質生産系        植物再生系
           ↓                ↓
        薬用成分           植物体
       チョウセンニンジン    トマト
       ムラサキ            ニンジン
                        ↙     ↘
                  種苗育種技術  種苗増殖技術
                    ダリア       ラン
                      ↓          ↓
                   胚珠培養     人工種子
                  トマト，ナス  アルファルファ
                  トウガラシ   カリフラワー
                  メロン，ダイズ レタス
```

図 10.1　植物細胞を用いた細胞工学の概略と代表例

　植物の細胞や組織を用いた細胞工学の領域には，「物質生産系」と「植物再生系」の二つがある。例えば，チョウセンニンジンのカルス（callus）から薬用成分を大量に生産させたり，ムラサキの培養組織からシコニンなどの生薬を生産させるのが「物質生産系」である。一方，植物の細胞や組織から再び植物を再生させる方法が「植物再生系」である。

　植物再生系には，新しい植物の育成を目指す種苗育種技術と生産の増進をはかる種苗増殖技術がある。植物の組織培養の歴史は，トマトの根の成長点の培

養から始まった。この人工培養系では,組織の無限成長を可能とした。また,細胞から植物体の再生に成功したのは,ニンジンがはじめてであった。さらに,ダリアではウイルスに感染していない個体の生産が,またランでは大量増殖などができるようになった。これらはいずれも,他の種類の植物に先駆けて実現された例である。

また,アルファルファ,カリフラワー,レタスなどは人工種子から生産されている。人工種子は,「完全な個体に発育しうる分裂組織を適当な方法で保護し,植物種子の代わりとして流通させるもの」や「将来植物となりうる培養物を人工膜で包んだカプセル種子」のように定義されている。これらは植物の発生過程と細胞増殖に対する理解が生んだ全く新しい手法といえよう。

10.2 胚珠培養

優れた種苗を作る基本的な戦略は,性質の異なる両親から雑種の子孫を作ることである。例えば,収量の多い親と病気に対する抵抗性の高い親をかけ合わせて,両方のよい性質を受け継いだ子孫を選別する。ところが,両親の組合せによっては,受粉後,胚が正常に発育しない場合がある。このようなときに,胚を死滅する前に取り出して,人工的に培養する手法が胚珠培養である。

野菜の胚珠培養で雑種作物の作成に成功した例はかなり多く,この方法が実用的に極めて有用であることを示している。例えば,トマトでは,栽培トマトと野生トマトの間で成功している。ナス,トウガラシ,メロン,ダイズなどでも同じように栽培種と野生種の間で行われている。また,アブラナ,ハクラン,インゲンなどでは種の違う組合せで作った胚を培養して,雑種作物の作成に成功している。

10.3 鉄欠乏土壌で育つトランスジェーニック植物の作成

鉄は生命活動に必須の元素である。動物が摂取する鉄分は主に植物に依存し

10.3 鉄欠乏土壌で育つトランスジェーニック植物の作成

ている。土壌中では鉄は主に酸化鉄（III）の形で存在しており，酸化鉄（III）は水に溶けない不溶性である。また，鉄を含む有機化合物の比率は小さいため，植物の生育は酸化鉄（III）の土壌中濃度に依存している場合が多い。植物はどのようにして不溶性の鉄化合物を吸収しているのであろうか。この問題はトランスジェーニック植物（transgenic plant）の作成技術を応用することによって解決された（図10.2）。

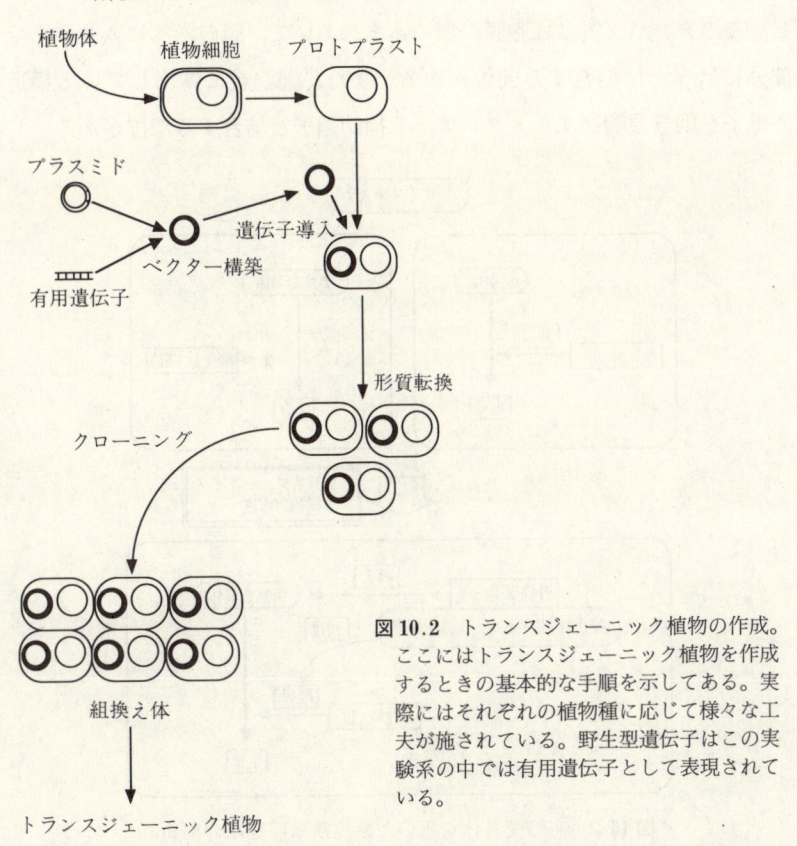

図10.2 トランスジェーニック植物の作成。ここにはトランスジェーニック植物を作成するときの基本的な手順を示してある。実際にはそれぞれの植物種に応じて様々な工夫が施されている。野生型遺伝子はこの実験系の中では有用遺伝子として表現されている。

鉄（III）キレート還元酵素は大部分の植物にとって鉄を吸収するために必要な酵素である。シロイヌナズナ（*Arabidopsis thaliana*）では，鉄（III）キレート還元酵素の働きが損なわれたために生育の悪くなった突然変異株（frd 1 変異）がある。この突然変異株の一種 frd 1-1 では，構造遺伝子の第一

エキソン内にナンセンス変異があり，別の系統である frd 1-3 では構造遺伝子内にミスセンス変異がある。

このような突然変異体に，鉄が欠乏した環境条件で発現する野生型の遺伝子（FRO 2）を導入したところ，突然変異体の表現型が補正されて野生型に回復した（**図 10.3**）。FRO 2 遺伝子から作られるタンパク質は，細胞膜を介して電子を輸送する一群の分子であるフラボシトクロムスーパーファミリーに属している。このタンパク質は細胞膜に埋め込まれていて，膜の内部に入り込んでいる部分にはヘムに結合する部位がある。また，細胞質に露出している構造には，電子を供与し輸送するヌクレオチド補助因子と結合する部位がある。

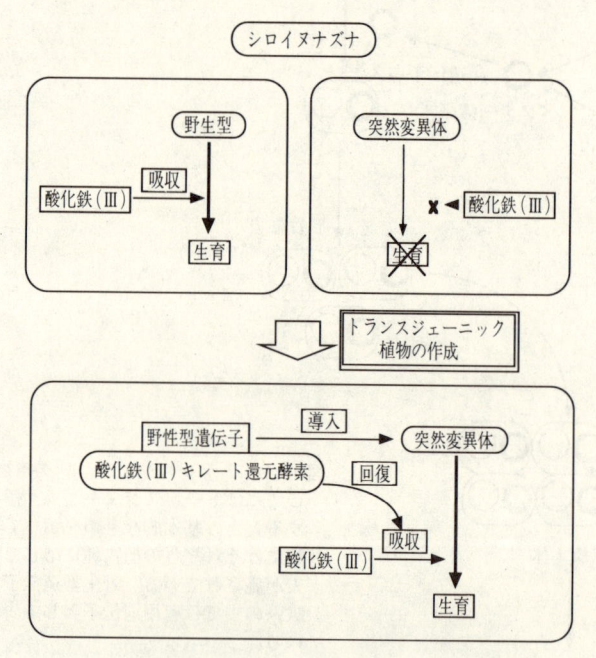

図 10.3 突然変異体を用いた酸化鉄吸収経路の解析。酸化鉄を吸収できないために生育できない突然変異体に野生型の遺伝子を導入し，突然変異による機能の欠損を回復する実験を示す。

FRO 2 遺伝子を突然変異体に導入する実験によって，FRO 2 が鉄（III）キレート還元酵素突然変異遺伝子の対立遺伝子（allele）であることが明らかに

なった。つまり，鉄（III）キレート還元酵素に突然変異が生じてその機能が損なわれると，植物は鉄欠乏症になり生育ができなくなる。そして，正常な機能を持つ遺伝子であるFRO2を導入すると損なわれた機能が回復する。

トランスジェーニック植物実験によって，FRO2遺伝子から作られる鉄（III）キレート還元酵素が酸化鉄（III）の吸収に必須であることが判明した。この遺伝子の有効利用は，鉄分の少ない土壌でもよく生育する作物を作り出す可能性を示している。

10.4 自然の浄化作用の理解

生物は自分の体の秩序を維持するために，エネルギーを必要とする。このことは熱力学の第二法則に従うすべての生物の宿命である。そのため，生物は，常に外界からエネルギー源となる化合物を体内に取り込んでいる。また，体内でエネルギー代謝が行われると，熱の発生や代謝産物の排出が行われる。したがって，生物が生きていくということは，必然的に周りの環境の秩序を乱すような作用をもたらすことになる。

生物を取り囲む環境の秩序が生物の活動に伴って時々刻々と変化することは，それ自体では大きな問題ではない（図10.4）。自然には本来変化しても元のレベルに戻る復元能力が備わっているからである。自然の復元能力は生態系の安定性を維持する要因として，様々な形で定式化されている。しかし，自然と生態系は非常にたくさんの要因から成り立っており，大変複雑なシステムであるため，現在の生物学では地球規模での全体像を正確に把握できてはいない。

そこで，現在直面している自然と環境に関する重要な課題は，自然の復元能力を正しく把握する方法を確立することである。自然の復元能力は様々なレベルで評価することができる。重要なことは環境要因の変動を的確にモニターすることである。

環境要因の変動が自然に備わっている復元力の限界を超えると，生息する生

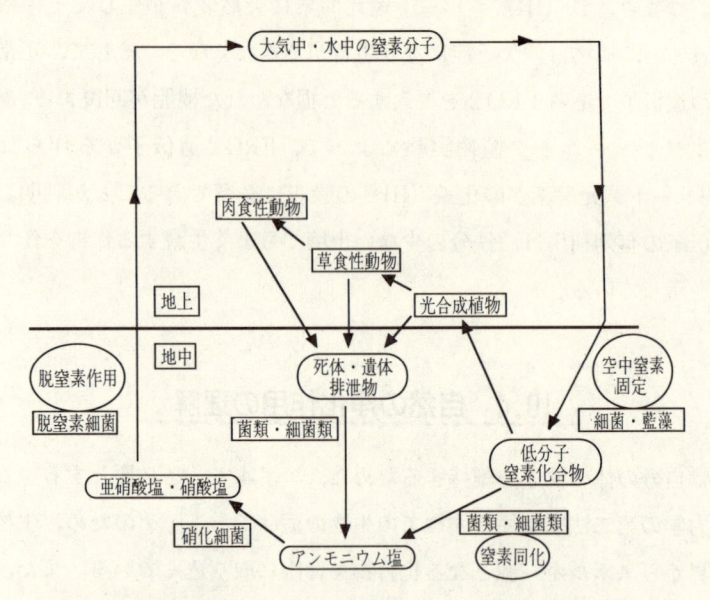

図10.4 生命活動に伴う窒素の循環。ここでは窒素を例にとって、生物の活動とそれに伴う地中・地上・水中および大気中の物質の循環を簡略化して示してある。窒素原子は矢印の方向に移動する。ほかに酸素、炭素、水素などの循環も詳しく調べられている。

物に様々な影響が現れる。そのようなときに、自然に本来備わっている浄化能力を回復させる方法が問題となる。細胞工学で可能な方法として、微生物が持つ高い代謝能力を利用することが考えられる。微生物は一般に増殖速度が速く、分解能力が高い。また、微生物による分解系は自然の生態系で行われている反応系と同じ化学反応に基づいているため、自然との親和性も高い。

人間の活動によって自然の復元能力が失われたような河川や土壌で環境浄化や廃水処理などを効率よく行うためには、その環境に適した微生物を選択することが重要である。例えば、生活廃水の浄化策として生物処理法がある。そのうちの一つ、活性汚泥法は、主に細菌と繊毛虫類（ciliates）で構成された生態系を利用している。廃水中の有機物は細菌によって摂取・分解されるが、系全体が安定に維持されるためには繊毛虫類の存在が重要である。

10.5 遺伝子組換え植物の有害な影響

　自然環境や生態系の保全に対する細胞工学的なアプローチの方法は簡単ではない。例えば森林や草原の生態系で，ごく少数の生物の特性を変えたことが生態系全体にどのような影響を与えるのかということを正当に評価する科学的理論も方法もまだ確立されてはいない。したがって，生命を育む細胞工学としては個々の細胞レベルの問題だけではなく，生物種間の相互作用を考慮した，より注意深い思考方法を確立することが大切である。

　ここに，高い収穫を目的として害虫に対する耐性遺伝子を導入したトランスジェーニック植物の例を挙げる。害虫に対する有力な対策の一つに，殺虫性毒素を作る細菌（*Bacillus thurigiensis*）の遺伝子（Bt）を作物に導入する方法がある。このような Bt 植物が標的の害虫以外の生物に及ぼす影響については，無視できる程度に小さいものであると考えられていた。ところが Bt トウモロコシ（Bt 遺伝子を導入したトウモロコシ）で，他の生物への有害な影響の可能性が指摘された。Bt トウモロコシの雑種（Bt 遺伝子をヘテロに持つ系統）はほとんどが花粉に Bt 毒素を発現する。トウモロコシの花粉は風に乗って少なくとも 60 m は周囲に飛ばされる。そこで，トウモロコシ畑の周囲に生えている植物の葉に偶然 Bt 花粉（Bt 毒素を持つ花粉）が付着すると，この植物を餌とする他の生物が Bt 花粉も一緒に食べてしまう可能性が生じる。Bt 花粉を食べた生物は Bt 毒素の影響を受けないのだろうか。このようなことが実際に起こりうることなのかどうか，実験的に調べられた。

　Bt トウモロコシの花粉を振りかけたトウワタ（*Asclepias curassavica*）の葉で，オオカバマダラ（*Danaus plexippus*，チョウの一種）の幼虫を育てたところ，遺伝子組換えをしていない普通のトウモロコシの花粉を振りかけた葉や，花粉が全く付いていない葉で育てた幼虫に比べて，食べる量が半減し，成長も遅くなり，生存率が約 50％ に下がる，という結果になった。

　これは，農業への遺伝子組換え技術の利用が生態系にもたらす危険性について，もっと多方面から慎重な検討をする必要があると警告している例である。

1962年にレイチェル・カーソン（Rachel L. Carson）は著書「沈黙の春（原著名 Silent Spring）」の中で，当時の応用昆虫学者たちが立てた害虫対策を厳しく批判し，殺虫剤の生態系への重大な影響について警告した。今回の Bt トウモロコシの場合では，植物育種学者が立てた害虫対策に対する，昆虫の側からの研究に基づく警告となっている。遺伝子組換え植物の生態系への影響に関しては，植物が生産者として食物網の起点に立っているという点を考慮して，広範な調査と分析を踏まえて評価する必要がある。

11　科学と科学の方法

学習の目標

1. 自然科学の基本的な方法論について理解する。
2. 「科学」に対する考え方の歴史的変遷を知る。
3. 思考方法について考え，自分の方法の確立を目指す。

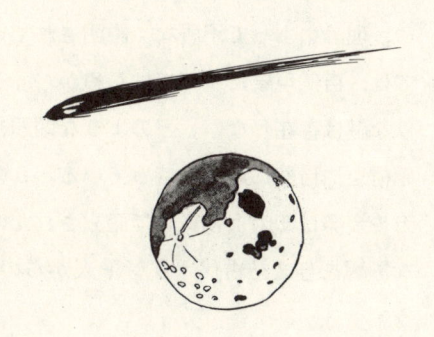

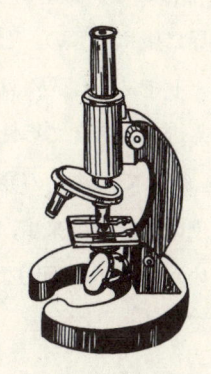

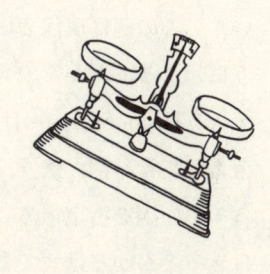

11.1 古代ギリシャ人からのメッセージ

今日では，多くの自然現象に対して，それらがなぜ起こるのかということについて科学的に十分納得のいく説明がなされている。

例えば虹である。虹はなぜあのような色の配列を持ち，同じような半円形にできるのだろうか。虹の形成は13世紀に行われたフライベルクのディートリヒ（Dietrich von Freiberg）の実験によって，「太陽光線と空気中の水滴との相互作用によるものである」ことが確かめられた。また，自然界に広く見られる電気現象に関しては，「雷から静電気まで電気の同一性」が19世紀にマイケル・ファラデー（M. Faraday）によって証明された。

自然現象に対する科学的な説明の多くは，実験によって確かめられた事実や，理論によって矛盾なく説明されている事柄をもとにしている。現代の科学では，自然現象についてはじめから「これは解けない問題」として回避するような謎は存在しない。どのような問題にもチャレンジしていくだけのある種の確信を，自然に対して持っている。このような自然観，自然現象に対する考え方や姿勢はどのようにして確立されたのであろうか。現代科学の自然観に大きな影響を与えた古代ギリシャ人からの二つのメッセージについて考えてみよう。

11.1.1 ヒポクラテス：「調べれば，わからないことはない」

古代ギリシャには「聖なる病」と呼ばれる病気があった。「聖なる」という言葉には，人知の及ばない神々の世界に属するもの，という意味が込められていた。この病は現代でいう「てんかん」である。人々は前触れもなく突然のように起こるてんかんの発作は「神のもの」と考えていた。ところが，ヒポクラテス（Hippocrates）は違っていた。彼はてんかんの発作にも原因がある，と考えた。食べ物，気候，睡眠，生活上の様々な出来事，などなど。いまのところその原因を特定することはできないが，調べる適切な方法があればその原因はきっとわかるはずである，と述べている。

ヒポクラテスのこのメッセージは，現代科学の最も基本的な自然観の中に受け継がれ，生き続けている．自然界で起こる出来事には必ず原因があるという確信と，原因と結果との間には，やがていつかは理解可能な対応関係を見つけることができるだろう，という希望である．

11.1.2 ユークリッド：「人間の知ることには，限界がある」

ユークリッド（Euclid）は数学の中に完全な世界の確立を目指し，同じ志を持つ哲人たちとユークリッド学派を作り，世間とは孤立した独自の世界を築き上げていた．しかし，ユークリッドが発見したものは仲間の哲人たちを絶望の淵に陥れた，と伝えられている．ユークリッドは何を発見したのだろう．彼は「人間の知ることには，限界がある」という命題を発見し，証明したのである．

例えば，どのような大きさの円でも半径をもとにしてその円周の正確な長さを計算することはできない．また，正方形の対角線や直角二等辺三角形の斜辺の長さなども数値の問題としては無限の世界である．しかし，現代では，ユークリッドの命題は抵抗なく受け入れられている．パイ（π）や無理数の正確な値が特定できなくても，自然を理解する上で何ら不都合なことはないと考えるようになったからである．

ユークリッドの命題は人間精神の顕著な一面を照らし出している．ここには一つの重要な教訓が隠されている．人間は不確かなものよりは確かなものの方を好む傾向がある．とりわけ，哲学や科学などのように，厳密な定義に基づいて確かな知識の体系を組み立てようとする仕事においては，絶対的な確実性を欲する傾向がよりいっそう強まるように思われる．このような人間精神の傾向は，果たして長所なのだろうか，それとも短所なのだろうか．科学の歴史は，明らかに確実性を欲する人間精神を軸にして展開されてきたことを示している．しかし一方で，科学の歴史はガリレオ（G. Galileo）やアインシュタイン（A. Einstein）のように，「その時代の絶対的な確実性」に疑問を持ち，それを超えようとする一群の人間精神が常に働いていたことも同時に伝えている．

科学的な活動は一見矛盾する二つの認識，「調べればわからないことはない」

と「知ることには限界がある」の間で揺れ動く振り子のようなものなのであろう。より正確な知識を得ることができれば,より広い概念に到達できる。しかし,それは同時に知の限界をも認識することになる。個人的な心証としては,「知ることには限界がある」というユークリッドのメッセージにはどこか心安らぐものを感じるのであるが。

11.2 科学の領域とルール

11.2.1 人間と自然

人間は自然に対してどのような態度で臨んできたのであろうか。それは,文化やその人の年齢などによって様々に異なるであろう。しかし,心理学者ジュールス・マッサーマン(J. Masserman)によると,人間がとった自然に対する態度は3種類だけであった(**図11.1**)。第一に,私たちは物質界に働きかけて,生活環境を広げてきた。第二に,私たちは同じ社会の仲間に働きかけて,知識や経験の世界を共有してきた。第三に,私たちは内面に向かい,哲学あるいは形而上学と呼ばれる知の体系を築き,それをよりどころとして自然の中に確固とした秩序を見いだそうとしてきた。

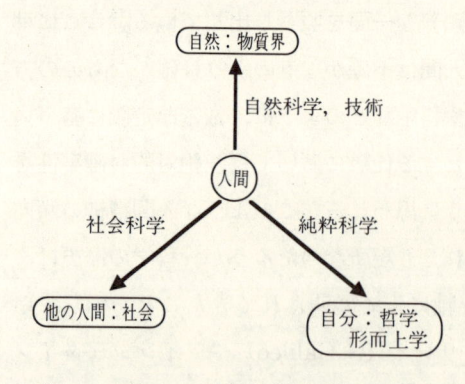

図11.1 人間と自然とのかかわり。人間の活動を大きく三つの分野に分類して整理した図。細胞工学は「自然:物質界」に向けられた活動であるが,今後自然環境の浄化や保護の問題と関連して「人間:社会」を対象とした活動にも大きな影響を与えることになるだろうと予想される。

第一の方法は,科学技術的世界の確立へとつながり,現代の科学技術革命をもたらすことになった。これは,外界に向けられた活動であり,環境に働きかけ,環境を制御するものである。これに対して,第三の方法は,内面に向かっ

た活動であり，ここから純粋科学や基礎科学と呼ばれる分野が生まれてきた。厳密な意味での科学には，自然や宇宙を制御し支配しようとする意識はない。そこにあるのは，自然や宇宙をより深く理解しようとする態度であり，またそのような活動に意義や有効性を求める以上に科学することを純粋に楽しむという姿勢である。

　第二の方法は，人間活動全般に共通したものである。人間はよくいわれるように社会的な動物である。仲間と協力するということは，何も科学だけに特有のことではないが，仲間と知識や経験の世界を共有しようとしてきた努力によって，科学独特のものが形成された。批判し合いながら知識を共有しようという精神である。科学論文ができあがるまでの，一連の手続きにこの批判の精神を見ることができる。そこには，論文を発表する人，その内容を批評する人，そして，この両者のやり取りを判定する人の三者がいる。発表する人には批評する人が誰であるかがわからないようになっており，客観性が最大限に保証されるように工夫されたシステムと見ることができる。このシステムが歴史的に見ていつも完全に機能してきたとは限らないが，このような論文の審査制度こそが，科学の進歩の大きな原動力となっていることは事実である。

11.2.2　科学とは何か

　人間は外に向かって活動し，内面に向かって思索し，仲間と協力して組み立てる。まず，科学がどのように定義されてきたのか，生物学に限らず自然科学全体を見渡して，参考になるものを取り上げてみよう。

　数学者のリーマン（G. F. B. Riemann, 1826～1866）は「自然科学とは，精密な概念を用いて自然を理解しようとする試みである」と主張する。ここでいう精密な概念を厳密に説明するには多くのページを要するが，主張のポイントは，科学の本質が知識に至るプロセスに置かれているところにある。同じような視点に立つ定義としては，心理学者・医者のエリス（H. H. Ellis, 1859～1939）の「科学とは，事物の理由をたずね求めることである」，哲学者のホワイトヘッド（A. N. Whitehead, 1861～1947）の「科学とは，環境についての

知識を体系化する試みである」，医学史家のシンガー（C. Singer, 1876～1960）の「科学とは，知識を作る過程である」などの言明に見られる。

一方，科学史家のダンピア（W. S. Dampier, 1867～1952）は「科学とは，自然の諸現象およびそれらの関係を秩序づけた知識である」と述べ，組織づけられた知識の内容に重点を置いた定義をしている。同じような立場には，数学者のポアンカレ（J. H. Poincaré, 1854～1912）の「科学とは，事物の知識ではなく，事物の関係の知識である」のように関係概念に関する知識を強調している見方もある。

風変わりな定義をしているのは，生物学者のハックスリー（T. H. Huxley, 1825～1895）で，「科学とは，私の考えでは，訓練され秩序づけられた常識にほかならず，達人が新参者と違うように普通の常識と違っているにすぎない。また科学の方法は近衛兵の剣法が野人の棍棒の振り回し方と違う程度に，常識のそれと違っているにすぎない」という具合で，科学的な知識と常識を洗練されている程度で区別している。

これらの定義には，「知識」そのものか，「知識に至るプロセス」というように，はっきりとした違いが見られる（**図11.2**）。同じ数学者でも，リーマンとポアンカレが見解を異にしているのは興味深い。

ここに取り上げた科学の定義や科学の性格には一つの共通点が見られる。ど

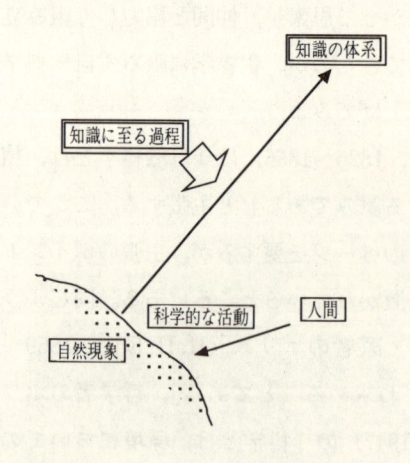

図11.2 科学の定義に関する二つの見解。「科学とは何か」という問いに対しては多くの人が見解を述べており，それらのすべてを把握するには膨大なエネルギーを必要とする。ここでは「科学の定義」の内容を大きく二つに分けてとらえる見方を示してある。

れもみんな個性的であるということである。ここで強調しておきたいのは，科学は十人の科学者がいれば十通りの定義がなされるような，自由度の高い活動であるということである。多くの場合，表現上のニュアンスの違いの中に，それぞれの科学者が取り組んだ問題の性質と，解決のためにとられた個々の方法の特徴を感じ取ることができる。自然現象のどんなものに興味を持つかは個人の好みの問題である。問題解決の方法も全く個人の資質にゆだねられている。ここに科学の道を歩む者が共通して感じる科学の魅力がある。

11.2.3 科学の方法

科学は，それぞれ独自の空間領域とルールを持っている。

まず，生物学の空間領域を把握するために，歴史的に行われてきた機械論と生気論との間の論争を振り返って見ることにしよう。

「生物体のあらゆる活動は，物理的および化学的諸過程の結果である。したがって，物理・化学の方法に従って調べれば，生命現象の完全な理解に到達することができるであろう」。これが，大多数の生物学者の基本的な考え方である。この態度は機械論者の立場を要約して表している。

機械論者は，すべての生命現象は測定可能な素過程に分解することができ，それぞれの素過程を分析した結果を総合すれば生命現象の全体像は理解できる，と考える。しかしながら，機械論者の言明の中には「生物体のあらゆる活動は」や「すべての生命現象は」などのような言葉が使われており，これらの表現は現在の生物学の証明の範囲を超えるものである。したがって，これに対する反対の主張も大いにありうるわけである。

生物体の活動には，物理と化学の法則だけでは説明できないものがあり，そのような側面を説明するには別の力を仮定しなくてはならない，と考える人もいる。このような立場をとる人は生気論者と呼ばれる。生気論者が仮定する別の力とは「エンテレキー」とか「生命力」と呼ばれる。「物理・化学の法則は人間が考え出したものである。生物は人間によって創られた物理・化学の世界とは次元の異なるものを含んでいる可能性があり，それは「エンテレキー」や

「生命力」としか表現できないものである」と生気論者は主張する。

　機械論者と生気論者でどちらの主張が正しいのであろうか。厳密な意味で、この問いに答えることは難しい。結論にたどり着くまでには、まだまだ長い道のりがあると生物学者は自覚しているからである。では視点を変えて問い直してみよう。「どちらの立場に立てば真理に近づくことができるのだろうか」。機械論者が生命の全体像のすべてを証明するまで、生気論者はいつも機械論の立場の欠陥を指摘することができる。生気論者は証明されていない物事を断言してはいないので、「自分たちの立場の方が機械論者よりも謙虚である」と主張することもできる。このような主張に対して、機械論者にできる反論の一つは、「生命現象をエンテレキーや生命力という言葉で説明したのでは少しも説明にはなっておらず、無知に名前をつけたにすぎない」となる。

　では、真理に近づく方法という視点から機械論者と生気論者の立場を考えるとどうなるであろうか。ここで注意して考えなければならないのは、機械論者の立場は法則や学説と見なすべきではなく、むしろ問題解決の方法論と見なした方が適切である、ということである。「生命現象の根底は物理・化学の現象である」と考えるのは正当な作業仮説である。この仮説に従えば、生命現象を調べる実験系を組み立てることができ、実験の結果は生命のより深い理解へと導いてくれる。これに対して、生気論者は、最終的にエンテレキーや生命力と呼ばれるところまでいき着くと、通常はもうそれ以上新しい事実の発見をやめてしまう。機械論者の立場は、組み立てた実験系が実りあるものである限り、歴史的に見ると、次々に新しい発見を生んできたし、これからも生み続けていくであろう。

　この議論の結論として、ガレット・ハーデン（G. Hardin）は次のように述べている。「実際、もし生気論が結局は正しかったとしても、そのことを証明するのは生気論者ではなく、機械論者の方であろう」。

　次に、科学におけるルールの問題について考えてみよう。複数の人間が参加して行われる競技や遊びには必ず一定のルールがある。大抵の場合、ルールには三つの要素が含まれている。一つは、言葉の定義である。参加者の誰にとっ

ても誤解が生じないように，使われる言葉は厳密に定義されていなくてはならない．二つ目は，競技の範囲と制限である．競技が行われるフィールドは白線か何かで境界線が引かれており，制限時間も定められている場合が多い．三つ目は，勝負の判定基準である．勝ち負けや優劣を決めるために，はっきりとした基準が定められている．そして，競技や遊びに参加する人は，よいプレーを行い，また遊びを楽しむために，ルールを完全に理解していなくてはならない．

科学の活動においてはルールに関する問題はどうなっているのだろうか．科学活動のルールも基本的には，競技や遊びのルールと全く同じ構造を持っている．

まず第一に言葉の定義である．科学では厳密な定義がなされている言葉だけが用語として使われる．例えば，遺伝情報，遺伝子，DNA，染色体，ゲノムの五つの用語を考えてみよう．それぞれの用語の定義を下し，互いの相違点を即座にイメージできなければ，細胞工学という競技でよいプレーを行い，それを楽しむことは難しい．厳密に定義された用語だけを使って書かれた科学論文は，誰が読んでもただ一通りの世界しか現れないような構造になっているのである．

第二に範囲と制限の問題である．科学の対象は限られている．科学が対象とする範囲については機械論と生気論のところで議論した．物理・化学の法則に適合しない現象は科学の対象からははずされる．

第三の勝負の判定基準である．これには二通りの意味がある．一つは文字どおり複数の人たちで行われる勝負で，誰が最初に発見したかということである．このような形式の勝負は，論文が公表された日付（非常に競り合っているときには，科学雑誌が投稿論文を受け取った日付を採用する場合もある）が判定の基準となる．

もう一つの勝負は内容の正しさにかかわる問題である．この問題は，「事実」と「科学的真実」の関係を見ればわかる．一人の研究者によってある新しい発見がなされたとする．発見された「事実」は，次に再現性の基準に照らして，

繰り返し調べられる。何度繰り返して実験が行われても同じ結果が得られるとき，「事実」は「科学的真実」となる。再現性の検定は同じ研究者によって繰り返し行われる場合もあるし，違う研究者によって違う研究室で行われる場合もある。再現性を確かめる実験は，発見した内容に客観性を保証するための最も重要な手続きである。

11.2.4 論証と推論

　ある科学者が「生命とは何か」と問われて，「生命とは死に抵抗する力である」と答えた。この科学者の主張に満足する人たちはどのくらいいるだろうか。少なくとも生物学者には一人もいない，と断言できる。この言明の真偽を確かめるのに，何か特別な実験をしたり，法則を持ち出したりする必要はない。真偽を判断する材料は言明の中にすでに含まれているからである。

　「生命とは死に抵抗する力である」という言明には，同義反復が隠された形で組み込まれている。同義反復とは「AはAである」というように，定義の内容が循環していることをいう。あからさまにむき出しの同義反復を述べる人はいないが，無意識にしろ故意にしろ，同義反復は隠された形で行われてしまうことが多い。このような論証の仕方を循環論法という。

　「AはBである」という言明は立派な定義の形である。ところが，隠された形での同義反復では，「BはAである」という意味が含まれた形で「AはBである」と定義される。上の生命に関する言明では，「死」という言葉を持ち込んで生命を定義している。では，「死」とは何か。生命を失った状態，あるいは生命を失うことではあるまいか。このことを上の言明に当てはめて，読みやすく直すと次のようになる。「生命とは生命が失われないように抵抗する力である」。これでは生命に関して何もいっていないことと同じである。

　「AはBである」は正しいとする。また，同時に「BはCである」という関係が明らかになったとする。すると，これら二つの言明から，次のような新しい関係が導き出される。すなわち，「AはBである。BはCである。故に，AはCである」である。AとCの関係を直接示すような出来事は自然状態では

11.2 科学の領域とルール

決して現れることがない場合もあるだろう。そのような場合でも，AとCの関係は科学の知識の体系の中に組み込まれることになる。

　正しい論証は，ある事実と別の事実との間に「一つの関係」を導き出してくれる。アンリ・ポアンカレの定義「科学とは，事物の知識ではなく，事物の関係の知識である」を思い出してほしい。このとき，二つの事柄だけでは不十分である。三つの事柄が出会って，はじめて新しい真理が生まれるのである。正しい言明を組み合わせて，新しい命題を導き出す方法は演繹的論証と呼ばれる（**図 11.3**）。正しく論証できる能力は，実験を巧みに行う能力と同じ程度に真理の発見に貢献する。

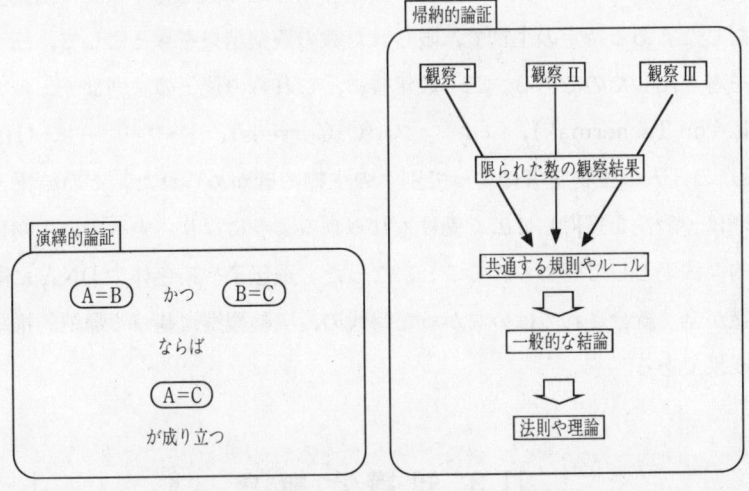

図 11.3　二つの論証の形式。自然科学で用いられる主な論証の方法。実際には演繹的論証と帰納的論証が組み合わされた形で用いられる場合が多い。生物学では多くの場合，帰納的論証の形式によって真偽のほどを推論するが，化学反応や物理的測定の場面では演繹的論証によって厳密な検討と考察がなされる。

　推論の方法には，別の形式もある。帰納法である。帰納法は，ある限られた数の個別的な観察をもとにして，いきなり一般的な結論を導き出す方法である。この方法によれば，論理的に決定できない関係を飛び越えることができる。そのために，生物学では特に重要な推論方法の一つとなっている。演繹的論証では，それぞれの言明は明快な論理的関係によって結びつけられている。

ところが，生命現象の多くは，演繹的論証の対象とするにはあまりにも複合的な構造をとっている。遺伝の仕方，発生のプロセス，細胞の機能などのように，論理的な関係にある出来事が非常にたくさん集まって，全体としては極めて複雑な系として生物学者の前に現れてくる。このように演繹的論証では容易に太刀打ちできないときに力を発揮するのが帰納法的推論の方法である。

例を挙げよう。グレゴール・メンデル（G. Mendel）は，エンドウマメのかけ合せ実験から，親の性質が子供に伝わる際に働いている三つの法則を発見したと報告した。後にメンデルの遺伝の法則と呼ばれるものである。メンデルの実験は，エンドウマメというたった一つの種を使って行われた。数多くのかけ合せ実験をもとにして，彼は「優性の法則」，「分離の法則」，「独立の法則」を見いだした。ある特定の生物で，限られた数の観察結果をもとにして，三つの結論を導き出したのである。三十数年後に，これらの遺伝の法則はチェルマック（E. von Tschermak），コレンス（C. Correns），ド・フリース（H. de Vries）の3人の生物学者によって別々の生物で確かめられた。その結果三つの法則は一般性を獲得して広く受け入れられるようになり，すべての生物種に普遍的な法則として認められることになった。遺伝子や染色体やDNAに関する知識が全く統合されてはいなかった時代の，実験観察に基づく帰納的推論による成果である。

11.3 知識と概念

科学とは何か，という問題を議論したときに取り上げたほとんどの定義に「知識」という言葉が含まれていた。「事物の知識」，「関係の知識」，「知識の体系化」，「秩序づけた知識」，「知識を作る過程」等々である。ここでは，知識と対比して「科学的な概念」について考えてみよう。

「概念」は「知識」の後からくるものである。そして，「知識」を超えるものである。例を挙げよう。酵素について考える。運動生理学をやる人は，ブドウ糖が分解されATPが合成される過程で，化学反応に携わる個々の酵素につい

ての正確な「知識」を持っていなくてはならない。遺伝子工学をやる人は，DNA の合成や切断，結合などに必要な諸酵素の特性を「熟知」していなくてはならない。これらは，精密な科学的知識というものである。

ところで，運動生理学で登場する酵素と遺伝子工学で活躍する酵素には共通する特性がある。この認識は，「概念」の世界に属するものである。ここでいう共通の特性とは高い基質特異性のことであり，それは酵素の立体構造に基づいている，というものである。こうして，酵素とその標的分子との間には相補的な関係がある，という「概念」が生まれる。

酵素のような触媒作用を持つ分子の働きを理解するときは，標的分子との相補的な関係を念頭に置いて考えることが重要である。「相補性」の概念を持っていれば，個々の酵素の精密な知識は持っていなくても，運動生理学でも遺伝子工学でも十分に理解することが可能となるのである。

次に，自然現象を理解する上で，「概念」が「知識」を超えてはるかに有用な作用をもたらす，ということについて考えてみよう。生物学の歴史は，ある意味では「概念の拡張」の歴史である。遺伝子を例にとって説明しよう（図11.4）。メンデル以前の遺伝に関する考え方は，「親の形質は絵の具を混ぜるように子供の中で混じり合うものである」というものであった。メンデルは「遺伝の要素は液体が混じり合うようなものではなく，粒子のように振る舞う」という新しい概念を提案した。ド・フリースは突然変異の発見を通して「遺伝子は変化するものである」と概念を拡張した。モルガン（T. H. Morgan）はさらに，「遺伝子の大きさとその所在地」を定義する方法を見つけて染色体と遺伝子との関係を明らかにした。

さらに，マックリントック（B. MacLintock）はトウモロコシの種子の色の多様性から「動く遺伝子」という概念に到達した。ある種の遺伝子は染色体上を移動することができるのである。その後，「動く遺伝子」は原核生物から真核生物まで，広く存在することが確かめられている。

一方，細胞の機能と遺伝子との関係において，ビードル（G. W. Beadle）とテータム（E. L. Tatum）は「一遺伝子一酵素説」を提案し，遺伝子がどのよ

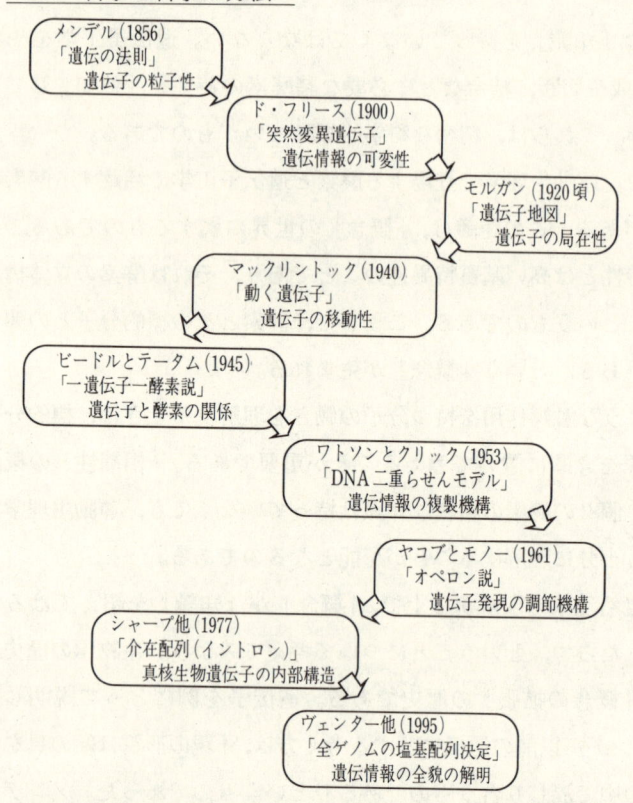

```
メンデル (1856)
「遺伝の法則」
  遺伝子の粒子性
    ↓
  ド・フリース (1900)
  「突然変異遺伝子」
    遺伝情報の可変性
      ↓
    モルガン (1920頃)
    「遺伝子地図」
      遺伝子の局在性
    ↓
  マックリントック (1940)
  「動く遺伝子」
    遺伝子の移動性
  ↓
ビードルとテータム (1945)
「一遺伝子一酵素説」
  遺伝子と酵素の関係
    ↓
  ワトソンとクリック (1953)
  「DNA二重らせんモデル」
    遺伝情報の複製機構
      ↓
    ヤコブとモノー (1961)
    「オペロン説」
      遺伝子発現の調節機構
    ↓
  シャープ他 (1977)
  「介在配列 (イントロン)」
    真核生物遺伝子の内部構造
      ↓
    ヴェンター他 (1995)
    「全ゲノムの塩基配列決定」
      遺伝情報の全貌の解明
```

図 11.4 遺伝子の概念の拡張。生命現象に関する「概念の拡張」の例を遺伝子にとり，歴史的な変遷の概略を示す。メンデル以前の古典的な考え方によると，遺伝する形質は液体のように混じり合う性質を持つものであった。メンデルはこれに対して，遺伝する形質を決めている単位は互いに混じり合うものではなく，粒子のように個別に存在し行動するという考え方を提案した。これが遺伝子の概念の始まりである。ここにはその後の遺伝子に関する知識の発展を示す。

うにして細胞の形や機能を規定するかという問題に具体的な説明を与えた。1953年には，ワトソンとクリックがDNAの二重らせん構造モデルを提案し，遺伝情報の自己複製を説明する分子モデルを確立した。さらに，ジャコブ (F. Jacob) とモノー (J. Monod) は「オペロン説」の中で，ある種の遺伝子はスイッチ仕掛けになっており，環境の栄養源によって働いたり働かなくなったりするオン・オフの状態をとることを証明した。この頃，大腸菌をはじめとする

原核生物とゾウに代表される真核生物の遺伝子は基本的には同じであるという見方が一般的になり,「大腸菌でいえることは象でもいえる」という有名な命題が流行した.

1970年代になると,遺伝子の概念はさらに大きく変わることになる.真核生物の遺伝子と原核生物の遺伝子では構造上大きな違いがあることが判明した.真核生物の遺伝子にイントロンが発見されたのである.イントロンの発見によって遺伝子の塩基配列の中にアミノ酸に翻訳されない塩基配列が存在していることが明らかになった.イントロンの大きさや分布の仕方,塩基配列の特徴などに関して,多くの生物種で比較解析が行われているが,これらの点ではっきりとしたルールは何も見つかってはいない.イントロンの存在意義は現在のところ推測の域を出ないが,既存の遺伝子を利用して新しい遺伝子を作る機会を与えるものではないか,という見方が有力である.

1995年にはマイコプラズマの一種インフルエンザ菌の全塩基配列が決定された.生命の設計図とたとえられているDNAの塩基配列がすべてわかったのである.その結果,遺伝子として確認されている塩基配列は全体の約60％に相当しており,残りの塩基配列は未知の遺伝子であることが明らかになった.ゲノム構造の解明は,遺伝子の起源や遺伝子機能の進化に関して新しい知見を与えてくれるものと期待される.

約130年の間に遺伝子の概念はかくも大きく拡張されてきた.生物学者は丹念に実験を行い,「個別的な知識」の集積に努める一方で,「一般的な概念」の形成にも積極的に精力を注いできたことによるものである.「知識」は緻密な論理を組み立てる場面で働くものであり,「概念」は全体を見渡す視点を与えるものである.

参 考 文 献

1) ヨハン・ホイジンガ著，高橋英男訳：ホモ・ルーデンス，中央公論文庫 (1973)
2) G. ハーディン著，金関義則・長野 敬訳：生物学 I, II, III, 平凡社 (1973)
3) I. Miwa, N. Haga and K. Hiwatashi : Immaturity substances : Material basis for immaturity in *Paramecium*, J. Cell Sci., **19**, 369-378 (1975)
4) H. S. Jennings : Behavior of the lower organisms, Indiana University Press (1976)
5) O. R. フリッシュ：超ミクロの世界，TBS ブリタニカ (1977)
6) N. Haga and K. Hiwatashi : A protein called immaturin controlling sexual immaturity in *Paramecium*, Nature, **289**, 177-179 (1981)
7) N. Haga et al. : Microinjection of cytoplasm as a test of complementation in *Paramecium*, J. Cell Biol., **82**, 559-564 (1982)
8) 樋渡宏一：ゾウリムシの性と遺伝，東京大学出版会 (1982)
9) N. Haga et al. : Intra- and interspecific complementation of membrane-inexcitable mutants of *Paramecium*, J. Cell Biol., **97**, 378-382 (1983)
10) R. デカルト著，落合太郎訳：方法序説，岩波文庫 (1983)
11) 金谷 治訳注：荘子，岩波文庫 (1984)
12) N. Haga et al. : Characterization of cytoplasmic factors which complement Ca-channel mutations in *Paramecium tetraurelia*, J. Neurogenetics, **1**, 259-274 (1984)
13) N. Haga et al. : Characterization and purification of a soluble protein controlling Ca-channel activity in *Paramecium*, Cell, **39**, 71-78 (1984)
14) 芳賀信幸：原生動物におけるマイクロインジェクション，細胞工学，**13**, 8, 717-724 (1984)
15) 樋渡宏一：性の源をさぐる，岩波新書 (1986)
16) N. Haga and S. Karino : Microinjection of immaturin rejuvenates sexual activity of old *Paramecium*, J. Cell Sci., **86**, 263-271 (1986)
17) R. Wichterman : The biology of *Paramecium*, 2nd ed., Plenum Press (1986)
18) D. M. Prescott : Cells, Jones and Bartlett Publishers (1988)
19) 内藤 豊：単細胞動物の行動，東京大学出版会 (1990)

20) ウンベルト・エーコ著,河島英昭訳:薔薇の名前,東京創元社(1990)
21) J. ワトソン著,松原謙一ほか監訳:遺伝子の分子生物学 第4版,トッパン(1991)
22) P. キャンベル・A. スミス著,永田和宏訳:生化学イラストレイテッド 第2版,医学書院(1992)
23) L. Margulis: Symbiosis in Cell Evolution, 2nd ed., W. H. Freeman and Company (1993)
24) Y. Xianyu and N. Haga: Initiation of the earliest nuclear event in fertilization of *Paramecium* by the microinjection of calcium buffer, Zool. Sci., **10**, 859-862 (1993)
25) 芳賀信幸:老化と若返りの細胞学,石巻専修大学研究紀要,4号,37-56 (1993)
26) N. Haga: Elucidation of nucleus-cytoplasm interaction: Change in ability of the nucleus to express sexuality according to clonal age in *Paramecium*, J. Cell Sci., **108**, 3671-3676 (1995)
27) Murphy and O'Neill: What is Life? The Next Fifty Years, Cambridge University Press (1995)
28) T. A. ブラウン:分子遺伝学 第2版,東京化学同人(1995)
29) B. アルバートほか著,中村桂子ほか監訳:細胞の分子生物学 第3版,教育社(1995)
30) N. Haga and S. Sato: Induction of mating-type change in a non-selfer mutant of *Paramecium* by microinjecting wild-type genomic DNA, Europ. J. Protist., **32**, 32-36 (1996)
31) 小関治男ほか:分子生物学:生命科学のコンセプト,化学同人(1996)
32) バイオテクノロジー編集委員会編:バイオテクノロジー,工業資料センター(1997)
33) S. B. プルジナー:プリオンはどこまで解明されたか,日経サイエンス(1997)
34) 堀上英紀ほか:グラフィックライフサイエンス,関東出版社(1997)
35) レイチェル・カーソン著,青樹簗一訳:沈黙の春,新潮文庫(1997)
36) 芳賀信幸:イマチュリン:未熟期の分子機構,原生動物学雑誌,**32**, 1, 1-9 (1999)
37) 芳賀信幸:ゾウリムシの性の老化と若返り,医学のあゆみ,188巻(1999)
38) J. E. Losey et al.: Transgenic pollen harms monarch larvae, Nature, **399**, 214 (1999)

索　引

【あ行】

アクチン繊維	52
アクトミオシン系	52
アデニン	26
アデノシン三リン酸	20
アミノ酸	12
アメーバ運動	52
アンチコドン	32
一次転写産物	34
遺伝コード	30
遺伝コード表	31
遺伝子	6, 45
遺伝子座	14
遺伝子産物	89
遺伝子発現	43
遺伝子ファミリー	65
遺伝情報	20
遺伝的解剖	85
遺伝的拡大	65
イマチュリン	75
飲作用	52
インスリン	28, 150
イントロン	34
ウイルス	5
ウイルス法	138
ウラシル	26
エキソン	34
エネルギー代謝	5
演繹的論証	177
塩基	25
塩基配列	12, 45
オオカバマダラ	165

【か行】

回春効果	82
回避反応	55
海綿状脳症	37
解離定数	13
核	45
核移植実験	5
核酸	12
核の全能性	5
核分裂	21
核膜	45, 51
核膜孔	51
核様体	47
活動電位	87
滑面小胞体	51
カルス	159
ガン細胞	6
機械論	173
基質	13
帰納法的推論	178
逆転写酵素	38
共有結合	12
グアニン	26
クラミジア	49
グラム陰性菌	48
グラム染色法	47
グラム陽性菌	47
クロイツフェルト-ヤコブ病	37
クローナルエイジング	75
クロロフィル a	48
クローン	75
形質導入	5
形態形成	33
ゲノム	5, 61
原核生物	45
原形質流動	52
減数分裂	17
顕微操作法	70
光合成	5
恒常性	6
合成	5
抗生物質	148
酵素	13
行動突然変異体	86
興奮	84
酵母	6
古細菌	45
枯草菌	47
骨髄腫細胞	125
コドン	30
ゴルジ体	45, 51

【さ行】

細胞骨格系	50
細胞質	45
細胞周期	21
細胞小器官	50
細胞内共生	5
細胞表層構造	108
細胞分化	43
細胞分裂	21
細胞壁	47
細胞融合	5
サブユニット	40
三次構造	39
軸糸	60
自系接合	104
自己集合	40
自己触媒	36
自己複製	23
自然選択説	24
シトシン	26
終止コドン	33
受精	4
小核	108
浄化作用	6

小胞体	45,51	相補性グループ	89	【な行】	
情報伝達	51	相補性テスト	15,89		
食作用	52	ゾウリムシ	16	二次構造	39
シロイヌナズナ	161	粗面小胞体	51	二重らせん構造	10
進化	23			ニッチ	7
真核生物	45	【た行】		ヌクレオチド	12
神経細胞	84	大核	108		
人工種子	160	対合	10	【は行】	
真正細菌	45	体細胞	17	配偶核	108
水素結合	10	大腸菌	6,47	配偶子	17
垂直感染	155	脱繊毛	96	胚珠培養	160
水平感染	155	タバコモザイクウイルス	40	ハイブリドーマ	124
スクレイピー症	37	単位膜構造	50	バクテリオクロロフィル	48
スピロヘータ	48	単相	61	発酵	6
性	16	炭素固定	48	発生過程	21
斉一性	20	タンパク質	5	半保存的複製	27
生活史	17	窒素固定	48	非共有結合	12
生気論	173	チミン	26	非コード配列	34
制限酵素	131	治癒因子	94	微小管	52
精子	5	中心体	52	非性線毛	48
成熟期	75	チューブリン	52	表現型	14
生殖	23	超分子構造体	40	ピリミジン	26
性線毛	48	チラコイド	54	フィードバック阻害	143
生態系	7	テイコ酸	48	フィブロイン	30
生長	21	デオキシリボヌクレオチド		フィブロイン遺伝子	30
成長ホルモン	6		25	フォイルゲン染色	25
性的認識	16	テトラヒメナ	36	複製	5
性転換	101	電気穿孔法	136	複相	62
セカンドメッセンジャー		電子伝達系	54	ブドウ糖	20
	114	転写	29	プライマー	131
赤血球	127	転写調節因子	42	プリオン	37
接合	5	糖	25	プリン	26
接合型	16	透過性	51	プログラム制御	21
接合型転換	101	同調性	21	プロトプラスト	8
接合型物質	16	トウワタ	165	プロトプラスト融合法	138
染色体	21	特異性	13	分子識別	13
染色体数	17	突然変異体	14	ベクター	131
センダイウイルス	119	ドメイン	39	ペプチドグリカン	48
選択的透過性	60	トランスジェーニック植物		ヘリコバクターピロリ	47
セントラルドグマ	38		161	変異	23
線毛	48	トリコシスト	110	鞭毛運動	52
繊毛運動	52			紡錘体	52
相補性	10			放線菌	148

哺乳類培養細胞 8	ミトコンドリア 45, 53, 108	卵　割 21
ポリメラーゼ連鎖反応	無性生殖 113	藍色細菌 48
50, 131	メタン産生菌 50	リケッチア 49
ポーン 88	メッセンジャー RNA 30	立体構造 12
翻訳開始コドン 33	免疫抗体 6	リボザイム 36
【ま行】	モチーフ 39	リボソーム 33, 127
	モノクローナル抗体 6, 124	リボソーム RNA 36
マイクロインジェクション	【や行】	リポ多糖類 48
8, 70		リポタンパク質 48
マイコプラズマ 49	野生型 15	リボヌクレオチド 25
マガキ 21	有性生殖 17, 113	リポフェクション法 136
膜電位 84	葉緑体 54	リン酸 25
膜電位依存性イオンチャネル	四次構造 39	リン酸カルシウム法 134
85	ヨツヒメゾウリムシ 89	劣　性 14
ミオシン繊維 52	【ら行】	レプトネマ 48
未熟期 75		老衰期 75
未熟効果 77	卵 5	

【A】	CNR 91	【R】
	【D】	RNA 25
α ヘリックス 37, 39		RNA スプライシング 34
ATP 20	DEAE-デキストラン法 135	RNA スプライシング酵素
【B】	DNA 5, 25	34
	DNA ポリメラーゼ 50	RNA ポリメラーゼ 29
β シート 37, 39	DNA リガーゼ 131	RNA ワールド仮説 36
B 型肝炎 155	【O】	【T】
B 細胞 125		
【C】	ORF 64	TCA 回路 54
Ca クランプ 116		tRNA 32

―― 著者略歴 ――

1974 年	東北大学理学部生物学科卒業
1979 年	東北大学大学院理学研究科博士課程修了（生物学専攻）
	理学博士
1980 年	
～83 年	ウィスコンシン大学分子遺伝学研究所研究員
1986 年	応用生化学研究所研究員
1989 年	石巻専修大学助教授
1997 年	石巻専修大学教授
	現在に至る

分子細胞工学
Molecular Cell Technology　　　　　© Nobuyuki Haga　2000

2000 年 2 月 10 日　初版第 1 刷発行

検印省略

著　者　芳　賀　信　幸
　　　　宮城県桃生郡河南町鹿又
　　　　　字曽波神前 135-14

発行者　株式会社　コロナ社
　　　　代表者　牛来辰巳

印刷所　新日本印刷株式会社

112-0011　東京都文京区千石 4-46-10
発行所　株式会社　コロナ社
CORONA PUBLISHING CO., LTD.
Tokyo Japan
振替 00140-8-14844・電話 (03) 3941-3131 (代)

ホームページ http://www.coronasha.co.jp

ISBN 4-339-06731-8　　　（江口）　（製本：ライズ）
Printed in Japan

無断複写・転載を禁ずる
落丁・乱丁本はお取替えいたします

バイオテクノロジー教科書シリーズ

(各巻A5判)

■編集委員長　太田隆久
■編集委員　　相澤益男・田中渥夫・別府輝彦

配本順			頁	本体価格
2.(12回)	遺伝子工学概論	魚住武司著	206	2800円
3.(5回)	細胞工学概論	村上浩紀／菅原卓也共著	228	2900円
4.(9回)	植物工学概論	森川弘道／入船浩平共著	176	2400円
5.(10回)	分子遺伝学概論	高橋秀夫著	250	3200円
6.(2回)	免疫学概論	野本亀久雄著	284	3500円
7.(1回)	応用微生物学	谷吉樹著	216	2700円
8.(8回)	酵素工学概論	田中渥夫／松野隆一共著	222	3000円
9.(7回)	蛋白質工学概論	渡辺公綱／小島修二共著	228	3200円
11.(6回)	バイオテクノロジーのためのコンピュータ入門	中村春木／中井謙太共著	302	3800円
13.(11回)	培養工学	吉田敏臣著	224	3000円
14.(3回)	バイオセパレーション	古崎新太郎著	184	2300円
15.(4回)	バイオミメティクス概論	黒田裕久／西谷孝子共著	220	3000円

以下続刊

1. 生命工学概論　太田隆久著
12. 生体機能材料学　赤池敏宏著
17. 応用酵素学概論　清水・加藤共著
10. 生命情報工学概論　相澤益男著
16. 糖鎖工学概論　辻・梶本共著

定価は本体価格+税です。
定価は変更されることがありますのでご了承下さい。

図書目録進呈◆